当我们走进心理咨询室
EVERYTHING HAPPENING INSIDE

壹心理 编著

浙江大学出版社
·杭州·

图书在版编目（CIP）数据

当我们走进心理咨询室 / 壹心理编著. —杭州：浙江大学出版社, 2022.11
ISBN 978-7-308-22838-1

Ⅰ. ①当… Ⅱ. ①壹… Ⅲ. ①心理咨询 Ⅳ. ①B849.1

中国版本图书馆CIP数据核字（2022）第124411号

当我们走进心理咨询室
Dang Women Zoujin Xinli Zixunshi

壹心理　编著

策　　划	杭州蓝狮子文化创意股份有限公司
责任编辑	黄兆宁
责任校对	卢　川　王建英
责任印刷	范洪法
封面设计	JAJA Design
出版发行	浙江大学出版社
	（杭州天目山路148号　邮政编码：310007）
	（网址：http://www.zjupress.com）
排　　版	浙江时代出版服务有限公司
印　　刷	杭州钱江彩色印务有限公司
开　　本	880mm×1230mm　1/32
印　　张	6.875
字　　数	129千
版 印 次	2022年11月第1版　2022年11月第1次印刷
书　　号	ISBN 978-7-308-22838-1
定　　价	59.00元

版权所有　翻印必究　印装差错　负责调换
浙江大学出版社市场运营中心联系方式：（0571）88925591；http://zjdxcbs.tmall.com

编委会

（按拼音字母排序）

顾　曦	胡　岳	姜晓江	李　诺	李瑞文
李志玲	梁靖宇	刘　金	刘苗苗	刘　萍
牛约纳	瞿　洋	任　丽	司雅梅	孙雪岗
王春荣	王镇乾	文　心	吴立敏	邢潇月
徐小雪	姚小青			

目录
CONTENTS

第一部分
来访者的故事

第1章　改写亲密关系背后的人生剧本　　3
了解自己的"爱情剧本"　　3
你是否也曾"自愿"成为受害者　　14
认识自己，理解自己，做自己　　22
童年创伤会如何影响你的生活　　31
脱离原生家庭的影响　　40
在变化无常的生活中创造"奇迹"　　48

第2章　那些被我们忽视的情绪密码　56

你还在试图控制或战胜情绪吗？　56

如何化解我们内心的冲突　66

我们该如何管理情绪　78

接纳脆弱反而是一种勇敢　85

忍耐也许是"下下策"　96

摆脱抑郁症的动力　104

一碰即碎的完美主义　119

第二部分
咨询师的故事

第3章　咨询师的自我探索之路　131

知心、识心、修心　131

探索内在的自我感受　144

学会与自己和解　153

找回缺失的安全感　162

平和或许是一种更高级的幸福　171

如何才能正视自己的欲望　179

拒绝成熟，其实是在逃避问题　188

成为一个"完整"的人　196

"顺从"比"鞭策"更有用　207

第一部分
来访者的故事

第1章
改写亲密关系背后的人生剧本

了解自己的"爱情剧本"

> 潇潇的治疗记录：
> 容貌姣好的女白领，但经常被对自己淡漠的男生吸引

"为什么别人的感情都好好的，而我的感情却是这样不堪？"

作为一名咨询师，在咨询过程中，我经常遇到这样似曾相识的剧情，听到这种如出一辙的疑问。有的女性向我诉说她们的爱情充满痛苦；有的抱怨自己遇不到喜欢的人，害怕孤独终老；有的哭诉自己总是遇到"渣男"，对爱情失去信心；还有的会哀怨自己的爱情总是短暂……

她们都很困惑：自己到底怎么了？为什么总是反复经历失

败的恋爱？这是遇人不淑，还是缘分未到？其实在这些悲伤故事的背后，都隐藏着悲剧色彩的"爱情剧本"。

书写这个剧本的不是莫测的命运，也无关别人，而是她们自身。只是她们并没有意识到"爱情剧本"的存在，而是在行动上不断忠诚地执行它，直到爱情失败为止。

所以，如果不进入潜意识①深处改写剧本，那么爱情也许将一如既往地碰壁。你了解自己的"爱情剧本"吗？

"爱情剧本"简单来说，就是我们的潜意识深处对恋爱的情感、认知和行为模式，它的形成最早可以追溯到童年。

如果我们和父母的关系出现问题，造成内心的情感反应，就会在无意识中影响我们对亲密关系的认知和行为。随着我们长大，这样的模式固化在心中，就会影响恋爱的进程。

比如父母因为工作忙，将孩子寄养在别处，孩子没有得到很好的照顾，内心会形成被抛弃感。虽然孩子无法用语言组织记忆，但不能和父母在一起的焦虑和害怕会被不断激起。长大以后，这种被抛弃感就会影响到孩子对亲密关系的信任。

孩子内心深处也许藏着这样的剧本："我最终会被抛弃，无论感情再好，最终他都会离开我。"当剧本形成后，剩下的

---

① 潜意识是一个心理学术语，指人类心理活动中未被觉察的部分，是埋藏在意识表层、人们"已经发生但并未达到意识状态的心理活动过程"。弗洛伊德又将潜意识分为前意识和无意识两个部分。

第1章
改写亲密关系背后的人生剧本

就是去执行。被抛弃的恐惧始终存在，于是任何风吹草动都让他担惊受怕，内心愈加怀疑。比如：为什么恋人迟到了？为什么恋人的手机换了密码？恋人是不是不爱我了？

这样的怀疑让彼此备受煎熬，最终双方可能精疲力竭，不得不结束关系，这样剧本就被执行完毕。每一次执行，都让剧本变得更为确凿和强大，进一步促进了爱情劫难的轮回。

潇潇（化名）的爱情也是如此。潇潇是一位白领，容貌姣好，身边总有男生追求她。但是潇潇偏偏不喜欢对自己热情的男生，反而更容易被相貌冷峻、对自己淡漠的男生吸引。当潇潇果真和这样的冷峻男生建立恋爱关系后，她又诚惶诚恐，极度不安。她经常给对方发信息，只要对方不"秒回"，她的情绪就处在崩溃的边缘。接着，她会不停地发信息、打电话，直到联系上对方为止。

可想而知，很快对方就感受到疲倦，从而结束这段关系。潇潇很难过，也很疑惑，为什么恋情总是无疾而终。

在我们后期的咨询中，她发现自己和男友在一起经历的这份感受，和自己与母亲相处时的感受极其相似。那是一种强烈的不安感或者说不确定感——不确定自己是否被爱，不知道自己会不会被扔掉。这种强烈的不安感最早就是她在和妈妈相处的时候出现的。潇潇想起，忙碌的妈妈经常忽略她的存在，或者严厉地对其批评指责；不安定的妈妈经常带着愤怒的语气说不要她了，这让潇潇感到自己就要被扔了。这种被抛弃的恐慌，不断推动潇潇在亲密关系中产生思维、行为的变形，如过度负面联想、过激反应等。

　　潇潇回忆道，小时候她的爸爸在外工作，妈妈一个人带她很辛苦，加上工作劳累，她对潇潇较为冷漠，同时也很苛刻。潇潇犯错时，缺少耐心的妈妈会把她推到门外，任由她大哭大闹一两个小时才放她进门。有时候，妈妈生气地对她骂骂咧咧说："生孩子真烦，没有你，我早和你爸远走高飞了。"多次这样的经历不仅严重伤害了潇潇的自尊，增加了她的自卑感和自责感，更让她的内心经常处在恐慌和焦急之中。渐渐地，潇潇的内心生成了这样的剧本：我是不值得爱的，我是会被抛弃的。

　　为了避免被抛弃的厄运，潇潇不断联系对方，想黏住对方，但这些行为反而加速了对方的离开。于是她在无意间又完成了剧本的台词："看吧，我那么努力地想靠近他，还是被抛弃了。"失恋以后，潇潇努力克制自己对冷峻异性的喜欢，但这只是一种压抑的自我保护，维持不了多久。由于缺少对自己问题的觉察，她的问题不久就会循环往复，恋爱悲剧也会再次上演。

　　其实，书写剧本的是我们的无意识，它根据经历和记忆，不断形成我们对待亲密关系的态度。我们需要回头审视自己的人生，觉察自己和亲人的情感模式，才能了解自己的剧本。

比如，在家庭中被虐待过的孩子，更容易体验到外部世界（包括家人）的邪恶和危险，并充满怀疑；在家里觉得自己输给兄弟姐妹、没有得到相同的父母之爱的孩子，更容易产生自己很糟糕的挫败感……

这些情感体验会转化为我们的情感剧本，指引我们的爱情走向悲剧的结尾。

就像上面说到的潇潇一样。潇潇之所以总是会被冷峻的男生吸引，是因为这样的男生会唤起她对妈妈的情感。由于被妈

妈严厉对待,她始终觉得自己不够好,自己必须讨好妈妈才能"活下来",于是她的心里就隐藏着"我不够好,我最终会被抛弃"的剧本。

因此,"爱情剧本"往往和早期生活经历联系密切。

我列举了几个普遍的剧本提纲以及常见的生活经历(见表1),你可以根据自己的感觉(而不是理性判断)感受一下自己的心里是否也有这样的剧本。

表1 不同类型的"爱情剧本"

类型	剧本大纲	常见经历
1	A. 我是不被爱的,爱情一定会失败 B. 我是会被抛弃的,爱情一定会失败	更换抚养人、寄养他人家中或从小生活在寄宿学校的孩子,留守儿童等
2	我是失败的,爱情最终会输给别人	家庭或学校被爱、争爱的失败者
3	我不够好,没人爱	被忽略、忽视或被批评指责甚至打骂的孩子
4	A. 只有我表现足够好,才能被爱,说到底,我还是不够被爱; B. 我不能满足自己,否则就会被抛弃	管理严格的家庭,或只有满足父母要求才会被爱的孩子
5	A. 父母的婚姻是不幸的,我也是如此 B. 婚姻是感情的坟墓,我也是如此	离异、单亲,或父母关系紧张,父母一方与另一方的原生家庭充满冲突和动荡
6	再美满的爱情也抵不过时间和命运	家庭剧变,父母关系变故

在一年多的咨询中,潇潇通过不断回顾,认识到现在的自己只不过是在重复和家人之前的经历,于是她的心豁然开朗了

很多。

我和她一起学习了呼吸法、想象法、脱敏等方法来处理她的情绪。

我留意到,潇潇走出来的第一步就是要和自己强烈的不安感相处,正是这种不安感让她失去自我、慌不择路,最终破坏了自己的亲密关系。一些辅助方法可以帮助她更好地面对自己的不安,减少不良的行为反应。

第一种方法是正念呼吸法。这种方法简单易行,只需要她把所有注意力尽可能地集中在呼吸上,带着一颗好奇又慈悲的心,感觉自己的呼吸就可以了。当她感受到情绪起伏时,只需要宽容地允许这些情绪自然出现,同时将注意力维持在呼吸上。无论自己的情绪和外界的环境有什么样的变化,练习者只要觉察到它们的存在,然后继续把注意力放在呼吸上就可以。大概经过10多分钟的练习,对呼吸的关注会让我们的心回归当下,而烦乱的情绪在呼吸中逐渐成为背景。当下平静的力量不断被强化的同时,我们的身体体验会变得舒适,情绪也会随之慢慢安定下来。

第二种方法是想象法。潇潇的不安也来自自己对被抛弃的想象,于是我会和潇潇讨论很多她感受到被爱的经历。潇潇想到自己大学时,有一个室友对她很好,不仅生病的时候在医院照顾她,甚至带她找某个"负心"的前男友当面对质。这些温暖的经历让潇潇感受到自己也很重要，也是被爱的。于是我就让潇潇在放松的状态下不断想象这些被爱的经历。在想象中，这一幕幕变得越来越清晰可见：潇潇回忆起室友在医院陪伴自己时的亲切笑容，体验到室友安慰自己、大声呵斥"渣男"时那种坚定和勇敢的气势。这些相关的积极场景经过不断想象，最终成为潇潇脑海中不可磨灭的图像。这些有温度、有力量的图像，也逐渐取代了自己被男朋友抛弃的悲伤画面，让她的心里浮现温暖和安全的感觉。

第三种是脱敏训练。 就像怕黑的人需要不断被鼓励面对黑暗的场景一样，我也经常鼓励潇潇试着体验不确定的感觉。在对方没有回复她微信的时候，我会陪伴她对这些不安的感觉不做应对，接受它们的存在。当这些脱敏在想象或现实中被较好地完成时，我会鼓励她及时给自己一些小奖励，增强她的掌控感。就这样，经过反复练习，潇潇逐渐发现这些情绪或许只是情绪，它们会来，最终也会走，自己不需要那么紧张，不需要那么悲观失望。她也逐渐对这些不安的感受有了更多的可控感。

现在的潇潇在面对同样的事情时，情绪还是会有起伏，但却可以独立承受了。她开始理解自己、关爱自己，并且获得了力量和自信去开始健康的恋爱。

如今，她的"爱情剧本"不再是"我会被抛弃"，而是"我值得幸福"。

咨询后记

如果你的内心深处也有悲剧的"爱情剧本",你可以试着这么做:

1. 觉察

改写剧本首先意味着对潜意识的觉察,这就要求我们放下内心的成见,勇敢地面对。

比如,我们需要觉察潜意识中对父母的真实情感。它往往比较复杂,除了有爱,或许也有愤怒与憎恨。只有承认自己内心的真实情感,我们才能在现实中改变和提升。

在不断的咨询中,潇潇觉察到了自己过去的经历和现在的联系。不断的觉察让潇潇看到自己的感伤和痛苦,为此,她真诚地表达出了自己一路走来的艰难、痛苦、怨恨等感受,表达了对妈妈既爱又恨的复杂情感。当这些情感被自己接受后,在她充分地哀伤后,她内在的悲伤和愤怒也在不断流走。她能感受到自己不再是那个害怕被抛弃的小女孩了，自己的确长大了。

2. 和不安相处

当对方没有按照我们的心意对待我们时，焦虑和惶恐就会占据我们的内心。面对这样的感觉，我们需要试着带着有爱的心去理解和接纳它。

比如可以真诚地对自己说：你现在如此不安，是因为你过去经历过类似的不安，你太害怕自己再次受伤，太渴望被爱了。我知道你需要拥抱，需要被温暖，就让我来理解你、拥抱你吧。我爱你，爱着这样渴望被爱的你！

就这样，和自己的情感坦诚相处，会逐渐安抚好自己那颗烦躁的心，让自己从不安中暂时走出来。

擅长情绪处理的朋友，也可通过正念呼吸法、艺术表达等方法学习和不安相处，逐步理解和接纳这份汹涌的感情。

3. 做出行动

面对无意识假设，我们也需要对其保持觉知和反思。

比如，当对方没有及时回复你的微信时，过去你的反应可能是焦虑不安，认为对方不爱你。

那么这次，请等一下，做几个深呼吸，把心安放好。

试着更客观地看待这件事情，了解对方没有及时回复存在很多可能：可能对方较忙，也可能是没有看到。"不爱我"只是其中一个假设而不是现实，我们要带着假设去验证事实，而不是陷入痛苦的情绪中。

你是否也曾"自愿"成为受害者

> 丽娜的治疗记录:
> 伴侣经常性出轨,自己却下不了决心分手

丽娜(化名)来到咨询室,她正深陷在一段让她痛苦大于快乐的关系中。丽娜与男友恋爱3年,已经抓到3次男友和别人搞暧昧。

前两次是男友和别人网聊到半夜,偷偷出去约会看电影,并且言语亲昵。男友坚持说"只是闹着玩的""对方主动,自己不好意思拒绝"。最近一次是丽娜出差在外,无意中登录家里的摄像头,发现男友有好几个晚上没回家。男友解释加班太晚,在公司睡着了。但女人的直觉告诉丽娜,这理由根本站不住脚,公司到家并不远,而且她知道那时候男友工作并不忙。

丽娜感到很疲惫,无数线索都提示她,自己所托非人:男

友不愿意带她见朋友和家人;周末做规划时,他总是不考虑丽娜的感受;一吵架就冷暴力,直到丽娜先道歉……丽娜也尝试过沟通,男友却认为她无事生非。

在这段感情里,丽娜就像一个在沙漠里快要渴死的旅者,得不到一点滋养。但她却坚持了3年,即便对方一再辜负她,她也没有决心说再见。每一次讲完与男友的日常点滴,丽娜都深陷在沙发里,脸色黯淡,像一颗被埋没在泥沼中的珍珠。

来访者在生活中的人际关系模式会呈现在咨询室里。丽娜在关系里牢牢抓住对方,又总是害怕被对方抛弃;同时,她会强迫性地重复和对她并不忠诚的伴侣在一起。因而,和丽娜建立关系的过程并不是一帆风顺的。在最初的咨询中,丽娜总是对咨询师的一举一动很敏感,比如:咨询师是否认真记住了她说过的事情?咨询师有没有注意到她的情绪?经过几个月的考验,我和丽娜之间终于建立了相对稳定的关系,找到一个时机让她思考这样一个问题:

"在这段关系中,你扮演着受害者的角色。这让你很痛苦,但是你却选择不从这个角色里走出来,或许你也从这个角色中得到了一些好处?"

丽娜苦涩地撇撇嘴:"好处?没有好处,只有痛苦。"

"如果留在关系中没有给你一丝一毫的好处,你肯定就毫不纠结、早就分手了,对不对?"我把"一丝一毫"四个字说得很慢。

"也是啊。为什么自己明知这段感情没有未来,却没法快刀斩乱麻地走出来呢?"丽娜问自己,带着愤怒、委屈和疑惑。

在接下来一段时间的咨询中,我和她一起抽丝剥茧。

一方面,扮演受害者是她熟悉的。熟悉的就是安全的,哪怕是令人痛苦的,我们也不愿意去打破。

小时候,丽娜的父母常常沉浸在自己的感受里,对她的感受视而不见。父母的回应让丽娜伤心,但作为孩子,她无力扭转关系。丽娜用表现乖巧来讨好父母,渴望得到回应却不说出口,因为说出口就意味着被拒绝。但这样的互动让她感到伤心、委屈和羞耻。

唐纳德·梅尔泽(Donald Meltzer)说:"一切防御机制都是我们为逃避痛苦而向自己撒的谎。"

当我们感到痛苦却又没有办法改变现状时,便会做出防御。丽娜用把自己定位为一个受害者的方式,让自己可以更少地面对伤心、委屈和羞耻感:如果我天生就是个应该讨好别人、付出和被羞辱的人,那我为这种境遇而感到的痛苦是不是就会少一些?

另一方面,我们在扮演受害者时,其实也是在推卸自己的责任。看上去,丽娜在这段恋爱中承担了很多,但这让她不用为自己的情绪和人生负责。当她感到伤心、愤怒时,她可以将其简单地归结为是对方造成的；当她提出的需要被对方拒绝，甚或无法进入婚姻时，她仍然可以将其归结为是对方造成了这一切后果。

如果丽娜与一个"足够好"的伴侣谈恋爱，她就必须面对：哪怕伴侣再好，自己有时也会伤心、愤怒、羞耻，自己的需要有时也会被拒绝，感情也有无疾而终的风险……这时，她就不得不正视自己能力的有限和人生的无奈，而没法再去责怪别人。

走进咨询室的人常常讲述自己有着不同寻常的悲惨经历：遭受不公平的待遇，并且不被身边的人理解。比如：面对挑剔的父母，一次次被指责、贬低；面对冷漠的爱人，表达需要时被无情地拒绝；面对自私的领导，被压榨和排挤……其实，当我们明知道自己在关系中感到痛苦却还是委曲求全时，往往是因为受害者的位置背后隐藏着我们想要的东西。

比如，有的女性为家庭付出了很多时间和精力，同时抱怨自己被剥削，丈夫和孩子都不体谅自己，这就是在扮演受害者。扮演这个角色,实际上也是在道德绑架他人。其他人必须感激她、回报她，绝不能抛弃她，否则就是"没良心"。这是因为这个女性自尊水平较低，缺乏安全感，扮演受害者是她逃避想象中自己被抛弃的手段。当然,她自己对这个潜在的过程并没有觉察。

习惯做受害者的人，往往在大部分关系里都会选择扮演这个角色。因为根据神经科学与依恋理论的研究，早期的互动方式会塑造大脑的神经连接，让我们形成固定的行为模式。但是，大脑的神经连接并不是不可改变的，当我们对自己的行为及其后果有所觉察时，我们就可以选择打破习惯。

以前丽娜和朋友交往总是小心翼翼，不提出自己的需求。比如一起吃饭时，朋友问吃什么，丽娜说"都可以"，但朋友们选定地方后她又觉得很委屈：自己最近感冒了不想吃辣，朋友们却选了一家川菜馆，她觉得自己没有被照顾到。其实她心里希望的是，不用自己说对方也能留意到自己的需求。如果自己说出来对方才注意到，那会让丽娜感觉自己很卑微，产生羞耻感和无助感。

当丽娜对自己的心理状态有所觉察后，她不再为这段感情后悔，也尝试建立新的关系，结识新的朋友。她开始明白，一段好的友情或恋情是平等的关系，自己也值得拥有这样的关系。

改变的过程并不容易。打破熟悉的事物就像一场冒险，等待我们的也许是更好，也可能是更坏。

比如，当丽娜向朋友提出自己的需求时，对方可能会回应她，也可能会拒绝和漠视她。前者是一种矫正性体验，能够让丽娜相信自己是值得被重视的；后者会让丽娜感受到伤心、委屈，如同童年所经历的一次次挫折。这个时候，焦虑和恐惧就会冒出来，成了拦路虎，想要吓退她。但只要她迈出第一步，就会开辟新的可能。

第1章
改写亲密关系背后的人生剧本

有时候,受害者其实不是被动成为的,而是主动选择的。只有停止扮演受害者的角色,才能真正走出伤害,获得幸福。

这也正是我和丽娜在心理咨询的过程中探究的部分。当你在关系里扮演受害者,看似是让渡更多利益给别人,其实也在无形中把他人推上了迫害者的位置,这对他人也是不公平的。不再扮演受害者,意味着一种真诚——对自己和对他人的真诚。

咨询后记

如何才能在关系中停止扮演受害者的角色呢?

1. 表里一致的沟通

把自己放在被害者的位置,是因为你相信只有取悦他人才能保障自己的生存。抱有这样的信念,只是因为你没有体验过其他生存方式——两个人共赢的生存方式。

此时,不妨尝试使用表里一致的沟通:向对方如实表达自己的感受、想法和期待,但期待只是期待,并不是要求和必需。

我可以有我的感受,你也可以有你的感受,我们彼此理解,但是并不强求相同。

2. 留下独处的时间,优先照顾好自己

当你以自爱和接纳填满自己的"杯子"时,你便不再一味向外寻求他人的认同。

每天留一些独处的时间给自己,做悦纳自己的事情。比如,写日记、为自己的爱好投入时间、进行正念练习、享受按摩或做瑜伽。

　　人生从来不是只有一种模式，只要你想，你就可以创造你想要的可能性。

　　当然，人无法得到自己不相信的东西，所以只有先在意识层面发生改变，先相信你值得比"受害者"更好的角色，值得成为生活的主人，值得幸福与美好，你才会真正得到这一切。

认识自己,理解自己,做自己

> 来访者的治疗记录:
>
> 入睡困难,需要服用药物,焦虑痛苦,存在对女性身份认同冲突

"我不是我自己。我像个困兽:脾气大、多变、失眠、整个人都很焦躁。我每天做家务,照顾孩子、丈夫、公婆,觉得这是我的责任,是身为妻子、母亲、儿媳就得要做到的。如果不这样做,就不是好妻子、好母亲、好儿媳。

"我很怕别人说我不好,于是拼命地干活,停不住地操心,什么事都想得特别周全。自己很累,吃力还不讨好。这让我很委屈也总是抱怨。我像个炸药桶一样,别人也就不喜欢我,尤其是我丈夫。我对他的态度很敏感,因为他有外遇,这让我更焦躁,整夜整夜睡不着。"

第1章 改写亲密关系背后的人生剧本

10多年前,她因为失眠找到我。她的失眠已经持续了一两年,表现为入睡困难,一旦醒来就很难再入睡,需要服用药物。这让她焦虑、痛苦,一睡不着,自杀的念头就冒出来。第一次咨询持续了两年多,隔了好几年后她再次找到我。第二次咨询同样持续了两年多,但我们只见过一次面,其他是视频咨询。

她对自己的认识很有意思。一开始她坚定地认为自己是开放的现代女性,对一夜情、婚内出轨等都抱着开放的态度。她也觉得婚姻不是买卖,爱情充满变化,和树一样有生有死,不是靠承诺、理性或者一纸婚书就可以维系的。

可是随着我们的咨询开展,她发觉原来她骨子里很传统:当她的丈夫有了外遇时,她很愤怒。开始时,她认为自己愤怒的只是丈夫对她的隐瞒而不是他的移情别恋。她要求丈夫把她当好朋友一般坦诚,她尽可能地做一个开放的现代女性。丈夫听从了,给她看情人的短信,甚至向她倾诉恋爱的痛苦,结果她的失眠开始了。

她很快意识到,丈夫爱上另一个女人这种背叛是对她的羞辱,她愤怒于他竟然这样对待她。

我说:"为什么他不可以这样对待你?"

她说着说着就哭了:"我对丈夫、对孩子、对公婆付出多少!我这么爱他,他怎么可以这么没有良心……"

这之后她才意识到,自己是很传统的女性,她和自己的母亲、外婆、奶奶一样，认为女主内、男主外，女性出嫁了就要从一而终。她嫁给丈夫也是因为崇拜他，结婚后无论经济上还是心理上一直依赖丈夫。虽然她有不错的工作和收入，可是她还是觉得养育孩子最重要。她觉得自己过着让人羡慕的生活——孩子乖巧、家庭富有、身份受人尊重，而这一切是因为丈夫。没有了丈夫，她一无所有。

我接着问她："你感觉你是传统女性，那么你认同这个女性身份吗？"

这个问题让她很迷惑：什么叫作认同？什么叫作女性身份？同时，这让她猛然惊醒：她在无意识中内化了母亲、阿姨、奶奶、外婆等女性的观念，认为女性就是要仰仗丈夫、养育儿女、传宗接代，可是她内心并不真的认同这样的女性身份。她开始明白，自己为什么那么推崇现代女性观念，那是因为她太害怕传统观念了。传统观念让她没有自己，只是附属于丈夫的女性。她想要和母亲、奶奶、外婆她们不一样，想要做自己。

我问她："她们不认同自己的女性价值，你和她们一样吗？"

她沉默了良久回答："我以前不知道自己和她们一样。但其实我和她们一样，觉得自己是依附男人存在的女性，我和她们一样不认同自己的价值。现在我知道了，我可以和她们不一样。"

领悟到这点时，她潜意识里开始认同自己的女性身份，不管结婚与否、生孩子与否、照顾丈夫与否……她都是存在的、有价值的。她不是别人的附属品，她是她自己。这一点帮助她后来做出了所有的改变。不过我后来发觉，她在潜意识里真正认同自己的女性身份，建立起真正的自我，是逐步的，花了好多年。

第一段咨询后，她的失眠就慢慢好了，和丈夫的关系也改变了。丈夫不再和她谈自己的情人，她也不再什么事都征求丈夫的看法。他们之间变得平等、客气、有商有量。她觉得这样很平静。她也想过离婚，觉得离婚后保持这样的关系也挺好的，可是丈夫却和她说已经和情人分手，想和她好好生活。我还记得当年咨询时，她说到这里哭得很纵情。我当时问过她，她觉得是什么原因让丈夫和她的关系改变了？她具体做了什么？她回答说，她觉得不是她做了什么，而是她很自然地开始关注自己，而不是关注点总在丈夫身上，心态改变了。

几年后，我们又恢复咨询时，她已经换过工作并经历了创业失败、全职在家的时期。她的家庭关系很和谐，她对丈夫很信任，她觉得这是他们婚姻里最好的阶段，只是对自己的职业发展道路很困惑。我们的第二次咨询围绕着她的工作以及自我建构①展开。这次咨询，她开始探讨自己——她的兴趣喜好，

---

① 自我建构是一个人自我认知和身份的获得。

她想成为怎样的人，想过怎样的生活，她的自我实现。和第一次咨询相比的很大不同在于，她的关注点都在自己身上，不再是丈夫。潜意识里，她开始建构她的自我，去认识她是谁，她来自哪里，她要去哪里。

她辞职后的工作和创业不顺利，两年没有收入，但丈夫对此没有抱怨，赚的钱都交给她管。她每天做家务、照顾孩子，一开始有不安和焦躁，但后来很享受。不过，时不时她也会想：这样可以吗？我什么也不做、不赚钱，丈夫那么累，压力那么大，我也太享受了吧？我不应该去工作为他分担一下压力吗？想到这些她就心虚内疚，觉得自己好吃懒做。

其实，丈夫更喜欢她在家里做家务、照顾孩子，一想到回家能吃到她做的美食，就觉得放松享受。丈夫说，他赚的钱是夫妻共同的，他们只是分工不同，她不用为此内疚。可是她觉得，自己努力换着花样地做饭，花心思培养孩子，似乎都是为了补偿丈夫。

我们探讨这个议题时，她发现，这些是她潜意识里对女性身份的不认同和不敢存在造成的。她全职在家后，丈夫孩子都很高兴，家庭气氛更好。可是她却觉得没有赚钱就是没有价值，她不敢认同这样的存在，内心深处没有安全感，不觉得自己是家庭的女主人。

刚好那时候，她知道我要去美国留学，这让她很震撼：一个 38 岁、已婚有孩子的女性，辞去工作飞到美国去就是为了读书，丈夫孩子去陪读。这在她的世界里简直就是天方夜谭。

　　于是，我们在咨询中讨论了这件事。她这才意识到，她对于自己或者说女性的看法其实是设限的。因为她的祖祖辈辈，不光是女性，连男性也都是这样看待女性、看待她的。她的爷爷和父亲都是长子长孙，家庭里的顶梁柱，他们对她的期望和对她弟弟是完全不同的。她还记得自己考上大学时爷爷和父亲的震惊。她结婚后每次和丈夫闹矛盾，父亲都让她反思自己，让她勤快一些，劝她不要在工作上太努力，也不要总想着升职。她憋了一股劲儿，很努力地在职场上升职做了领导，但其实她是不认同自己的；后来她做了全职主妇，还是不认同自己。这说明，成为职业女性、家庭主妇或者其他女性身份都不是问题，自己的不认同才是问题。

　　我问她："你认为你是谁呢？你想成为怎样的人？"

　　她回答：她是她自己，她就想做自己。

　　自己到底是怎样的，怎么样才是做自己呢？这些反复的思考，实际上驱动着她这些年的行动和改变。在咨询中，她渐渐认识到，她在生长环境里从小受到的那些女性固化观念，让她自愿给自己设限，选择了一条更舒服的路，可这并不是她真正想要的。丈夫的外遇也是他们潜意识里共谋的——他们都不想受困地活着。有了孩子以后，她的关注点从丈夫身上转移到了孩子身上，对此，丈夫潜意识里是非常害怕和愤怒的。而丈夫的外遇让她焦虑、抑郁、痛苦甚至失眠，注意力又回到了丈夫身上。他并不是真的想要离开她。

　　她也发现，自己除了美满的家庭，更想要不设限的人生，但她只想要结果的荣耀，并不想要漫长复杂的过程……她对自己的认识越来越整合，这些认识包含了好的与不好的，但一一接纳后，她就清楚了自己的局限和潜力。这让她安定下来，不再被空想的欲望诱惑，每天踏实地行动，一点点地前进。第二次咨询开始三个月后，她又开始创立了一家小公司。她的公司并没有飞速发展，不过她很满意自己的生活，接受这样的人生和公司的发展速度。

咨询后记

她终于深切地明白，不管她是成功还是失败，结婚还是离婚，孩子有没有出息……这些都是她——完整的她，这就是自己。做自己，就是让自己完全地存在着，不用去想这是否合理，是否应该，是否正确。存在与否，只取决于自己想不想；有没有自己，也只取决于自己要不要。没有活出自己的人，是一只困兽，不只心里有烦恼，身体上也会出现症状；而活出自己的人，是一个个鲜活的、精彩的、独一无二的生命。

这是一个对我的咨询职业生涯来说很重要的个案。我在硕士毕业进行咨询工作后不久，就开始参与这个咨询，并持续了很多年。来访者十几年来一直和我保持着联系，我因此得以看见一个人的内在改变和成长，以及随之而来的生活或者说命运的变化。这个女性和她的家庭的故事，让我特别感叹潜意识能量的巨大，能如何决定一个人的生活。她在和我的对话中，很多压抑在潜意识里的记忆和情绪感受涌动出来，她梳理着自己与原生家庭的关系以及与丈夫的关系，逐渐认识自己，发现自己，也理解自己。在这个与自己相遇、和解的过程中，她焕发出巨大的勇气、智慧和创造力。因此，我特别期盼我们每周的对话，好奇她又有怎样的蜕变。我们的工作虽然有很多挑战和困难，但我特别喜欢。有机会这样参与一个人的成长，领悟生命的秘密，是一件太美好的事了。

童年创伤会如何影响你的生活

> 小 A 的治疗记录：
>
> 生活条件优越，但经常感到莫名的悲伤和恐惧

小 A 第一次来咨询室是提前 10 分钟到的。她举止礼貌得体、容貌清秀，身材保持得很好，但眉心紧锁、面色疲惫，略显拘谨。她坦言自己是第一次做心理咨询，在翻看了很多咨询师的介绍后，因为和我在同一个城市而且也对我的资料感兴趣，才决定约我试试。我能感受到她的无力、忐忑，还有隐隐的期待……

我柔声对她说：我不能向你保证一定有用，我们可以先聊聊看，由你自己来感受和决定。能跟我说说你遇到了什么困难吗？

于是，小 A 开始讲述她的痛苦。

她不知道自己怎么了，她觉得在别人看来，自己对生活该是知足的、享受的。她长得不错，学历高，工作也好；老公年

轻有为、事业蒸蒸日上，对她也很好；儿子五岁了……可是她总是莫名地悲伤、焦虑、害怕，并且出现很多身体问题。这让她觉得生活很痛苦，很煎熬。她经常失眠，即便睡着了，睡得也很轻，早上醒来很疲惫；她的工作压力很大，特别怕出错，每天提心吊胆，跟同事相处觉得很累；她和公婆相处也有压力，她看不惯公婆的生活习惯，尤其是带孩子的方式，但老公又不能理解和支持她的感受，她只能自己生闷气。

她对未来充满担心和焦虑：一是担心自己身体不好，会生大病，没法照顾孩子；二是觉得老公年轻有为，担心自己早晚有一天会被老公厌弃。所以和老公相处时，她不敢表达真实的情绪，总是小心翼翼，整个人的心情经常是委屈、压抑、担心，还有愤怒的。她经常无缘由地落泪，早上一睁开眼睛，就感到巨大的压力和疲惫，觉得生活很没意义，想逃避，不想与人接触；到了下午就感觉胸闷气短，特别难受，有时甚至会觉得死是一种解脱。

当我发自内心地对她说"你真不容易，难为你了"时，她终于忍不住哭了起来。共情性回应在咨询过程中对咨询效果会产生积极的影响，这虽然只是简单的一句话，但其中包含着咨询师对来访者的用心关注和关怀，还有对来访者情绪和感受的深切理解，以及温暖的应允。因此，来访者可以感受到安全和被接纳，慢慢变得放松，敞开心扉。

长久以来小A的生活之所以是压抑的,正是因为她从来不敢向人讲述这些经历和痛苦。而当这些压抑已久的感受和情绪终于被看见时,治愈的第一步就开始了。

第一次咨询快结束时,她跟我说:"把这些都说出来后,没想到感觉轻松了不少,我想继续下去。"

于是我向她介绍了咨询的原则与设置,签署了心理咨询知情同意书,她选择了30次咨询的套餐。我们约定了每周两次的咨询频次。随着咨询的深入,我越来越完整地了解了她的人生。

她出生在农村,有一个弟弟,她是家族性的乙肝病毒携带者,从小就从母亲的观念以及神态情绪里,感受到对身体疾病的恐惧和受歧视。在她成长的经历里,每逢体检,她总是如临大敌。一直到上大学、找工作、找对象,她都深深地为自己的疾病自卑和恐惧着:"我是不健康的,被排斥的,如果别人知道了,会厌恶和躲避我。"

虽然长大后她知道了乙肝病毒携带者在日常生活中,一般接触如握手、吃饭是不会把病毒传染给别人的,但是她一直无法摆脱被别人厌弃的想法。同时,她出生长大的地区以及她的父亲都特别重男轻女,她能深切感受到自己的出生是不受欢迎的。这让她在很小的时候就觉得自己是多余的,没有资格被爱,甚至有时觉得自己是不祥的。

所以,她很小就很懂事、要强,无论什么都要做到最好,以换取父母和周围人的关注和认可。她认为,只有自己优秀,有能力,各方面都做得好,才能得到爱,所以时刻不敢放松对自己的要求,不允许自己出错。

此外,她的父亲对她的人生也有很深的影响。在她的印象里,爸爸是一个严苛而阴郁的人,少言寡语,很少承担家里的事情。在她的印象里,父母之间除了吵架,就是冷战和沉默,家庭氛围非常压抑。她感觉母亲很苦、很弱、很不容易。

直到大约三年前,她的父亲因为抑郁自杀,她才知道父亲已经抑郁很久了。虽然她跟父亲的感情淡漠,但是父亲的死对她影响很大,她经常做噩梦、内疚自责,害怕自己也会抑郁。

这样的创伤经历，怎么能不给她重压呢？当小 A 的原生家庭和成长历程在她的叙述中一点点变得完整时，我越来越清晰地感受到，小 A 从小到大在内心中经历了无数次的恐惧、孤独、无助，由此形成了一种防御模式。这种防御模式妨碍发展出健康、正常的关系，也限制了她自在的生活。

随着咨询工作的深入，咨询关系成为可以承载和包容她的温暖容器。她对我越来越有信任感和安全感，越来越坦率地跟我交流她藏在内心深处的想法和感受，我也可以自然而然地带着她一步步深入细致地回看和探索她的生命历程，帮助她剖析在对她来说重要的、印象深刻的事件里，她的内在情感和情绪是如何发生的，她由此对关系、对生活产生了怎样的认知和想法。我带着她看到正是那些想法在阻碍她幸福。明白之后，她的内心就多了些觉察。因为这样的陪伴，她的心理状态变得越来越稳定，对自己越来越宽容。她不那么慌了，睡眠也就越来越好了。

觉察之后，我根据她成长经历里几个显著的创伤点，给她做了内在排列[①]，帮助她在催眠状态下将过往的创伤经历联结

[①] 内在排列是一个与内在父母和解的过程，先引导来访者进入催眠状态，通过催眠打开来访者的潜意识，让其看到潜意识里隐藏和压抑很深的对父母的真正情感和情绪，以及和父母的关系。接着，引导来访者表达出这些深藏在内心深处的语言和情感；同时，还可以以催眠里意象对话的方式，呈现来访者和父母互动的过程。来访者通过催眠状态下和父母的对话，达到内在的和解，使得内在关系的意象不断变化。针对父母关系及原生家庭创伤，这是非常有效的疗愈方式，也是个人融合多种咨询流派，独创的、经过大量临床验证效果显著的方法。

到新的内在体验和认知，让她看到新的、她不曾体验到的可能性。无论是她的乙肝病毒携带者身份，还是身为女性身份的自卑；无论是对母亲的背负，还是对父亲的愤怒愧疚……这些都一点点转化成资源和力量，联结到父亲和母亲的爱，达成她和父母的和解。

在透过内在排列与内在父母和解的过程，每一次小A都将内心最深的渴望和爱表达出来，并感受到自己是被爱的。小A每次都泪流满面，深深地感觉到了疗愈，从而获得了内在的支持和力量。

在这样一次又一次的疗愈过程里，她的改变悄然发生了。她不再那么焦虑、害怕和敏感，而是越来越轻松和自在，这些改变都切实地落实到生活中。

面对同事，她多了自信，能够尝试建立自主和边界；面对老公，她也有了真实表达自己的勇气，即便是两人有冲突和矛盾，她也不再逃避，能够去面对；她和公公婆婆的关系也顺畅轻松了……

她的同事、朋友、老公都说，她像变了个人似的，发自内心地笑，真实地与人相处，坦然地享受美好，也勇敢地面对问题。一个柔软又有界限的女主人身份确立了，生活的重心回到自己身上，她不再依赖让外界的人、事、物满足自己的期待，而是通过掌控环境来让自己感到幸福。

  这就是当一个人内心饱满、能够信任自己并且敢于活出自己的时候会发生的改变。

咨询后记

面对创伤，我们能怎么做？其实，很多人都有着和小A相似的问题，他们因为原生家庭的种种创伤经历，内心产生深深的自卑和不配得感[①]。为了获得别人的认可和喜欢，他们拼命地证明自己，付出很多努力。

当这份努力真的给自己赢得了一份被人尊重、认可的空间后，他们就更加依赖，丝毫不敢放松，不允许自己出错，因为那意味着失去获得的爱和尊重。因此，他们越来越紧张和疲惫，每天都生活在恐慌和焦虑中，身体和心灵都不健康了，家庭关系也出现重重困难。

当出现这些身心症状的时候，也不用太害怕。因为这些症状是在提醒我们，我们的心理能量已被消耗得差不多了，原有的防御方式处于崩溃的边缘。这样的时候

---

① 不配得感是一个精神分析领域的词汇，指一个人总是倾向回避所有美好的事物，因为各种缘由与美好事物失之交臂。而这种行为背后的心理解释为潜意识里认为自己不够好，不值得拥有更好的生活。

正是一个审视自己的生命,让生命重新起航的机会。

只要你重视自己出现的情况,积极行动、积极求助,一定可以让生命之花鲜活地绽放。除了心理咨询,我们还可以从两个渠道获得帮助。

1. 自助的方式

比如参加线上或线下的读书会、团体疗愈课、疗愈沙龙、冥想课、运动课,或者多种方式相结合,多参加专业、包容、有支持的团体。

2. 寻求身边的社会支持资源

在亲人朋友中,向让你感觉安全的人寻求实际的帮助和支持。或者多沟通、倾诉和交流,只要有一个人倾听和接纳你,就会对你有很多帮助。

脱离原生家庭的影响

> 小古的治疗记录：
> 25岁，长期患有暴食症

小古身高约 1.7 米，微胖，双眼皮，大眼睛，樱桃嘴唇，脸有些浮肿，但能看出她曾有过尖下巴。她给人一种很安静的感觉。还没有开始咨询，小古的眼泪就往外冒。

小古说自己有暴食症。只要想吃，家里有什么都能吃下去。吃完后，她又很内疚后悔，于是催吐。周而复始，她的身体变得浮肿。小古觉得自己应该去看医生，但她的母亲觉得她只是贪吃，不是病，不让她看医生服药。

小古很无奈，但还是选择听从母亲。也许会有人好奇，小古都25岁了，为什么不能为自己的生活做主？因为小古是母亲一手带大的，自小就是乖乖女，父亲总是工作很忙，经常不在家。

小古记得,她初中时,有一次父亲带回来一个女同事,很瘦、很漂亮。后来小古听母亲说,那是父亲的情人。自此后,父亲渐渐地就不回家了。小古和母亲相依为命,母亲的怨气和烦恼都只能倾倒在小古身上。小古很心疼母亲,同时也特别担心自己发胖(母亲较胖)。她尽可能地控制饮食,但越怕的事情往往越会发生。

上大学后,小古突然开始暴饮暴食,吃完就催吐,并变成习惯。直到她发现自己什么都能吃下去后,她才感到后怕,觉得需要治疗。

从小古的案例中,我们是否看到了原生家庭对她的影响?如果父亲没有把很瘦、很漂亮的女同事带回家,如果没有母亲的暗示(只有瘦才美,只有漂亮才受男人喜欢)和抱怨,你觉得小古还会这样吗?

小古对原生家庭的确没法选择,但是,她有权决定原生家庭对自己的影响是否继续。这就是心理咨询工作展开的切入点。

随着咨询的进行,我发现,在讨论家庭关系时,小古想要保护妈妈,觉得妈妈很可怜,所以她需要站在妈妈这边,帮助妈妈争取父亲,听妈妈的话。小古并没有意识到自己的意向,但是她用实际行动表达"我是遵从妈妈想法的"。即虽然小古对母亲的"爱"很难用语言表达,但她经常会用整个身体的反应来表达对母亲的忠实。她的暴食,就是一种对母亲的扭曲的认同。只要她能觉察到症状背后的根源，就有可能切断根源与症状的联系，做出不一样的反应，那么暴食的症状就会改善，并慢慢消失。

在咨询中，我不断帮助小古倾听她内心的声音，一遍一遍地澄清她的需要，澄清她和父母之间的关系。有一次的经历让我印象深刻。

小古："这次放假我没有回去，我妈说我没良心。"

我："你现在语气里的情绪好像很复杂，有愤怒、内疚和自责？"

小古："嗯，我就是不想回去面对她。每次我回去，她都会说我和我爸一样没良心，说她对父亲的怨恨，说她以后只有我了。每次回去，我整个人都不舒服，有种不知道该怎么办的感觉，左也不是，右也不是。每次回去，我就会忍不住大吃一顿，吃完就在没有人的地方吐，不过吐完就好些了。"

我："回家让你很有压力。听起来，你每次严重暴食都是为了宣泄你从家里带出来的憋屈、压抑的情绪。"

小古："是的，我准备从家里搬出来，但又觉得她一个人住，不忍心。"

我："你想离开家，但是又担心妈妈，怕妈妈伤心。"

小古："是的。"

我："感觉妈妈还没有长大，需要你来照顾她。"

小古低头，沉默了一分钟之久。之后，她抬起头说："我决定了。"

我："决定什么了？"

小古："先搬出来。"

我："这个决定对于你来讲很不容易，我很好奇刚刚发生了什么？"

小古："我只是在想，好像一直是我在担心她。但我现在连自己都照顾不过来，根本没法顾及她。所以我觉得，搬出来对我来说更轻松，我想多照顾自己一点。"

小古说完后，我立即感受到她身上多了力量和生命力，那是我之前未曾看到的。似乎她终于找回自己，能为自己而活了。

从小，她与妈妈过分连接，界限混淆，而母亲与父亲的关系过于疏远，无法彼此亲密。家庭中充满羞愧和自我贬低的氛围，比如小古对自己身材发胖的羞愧，母亲对她的贬低，母亲对父亲的贬低……这些都是对小古的莫大伤害。她在帮妈妈愤怒，帮妈妈争取爸爸的爱，她在不断地否定自己，好像跟妈妈连为了一体。她用折磨自己的方式，帮助妈妈发声和呐喊。而小古帮助妈妈所做的一切，好像又被妈妈忽视了，得不到肯定的回应（比如妈妈否定她病了）。

从小，小古妈妈对她的回应都是这般的否定，这让小古无法建立完整的自我。一个人的自我概念基于生命前期照顾者对自己的反应，由此，孩子得以确定自己的价值。

在心理咨询中，我陪伴小古不断去感受自己的感受，比如借用空椅技术①，试着建立自己的边界，让她觉得可以做自己，可以正常地吃饭，也可以从意识上与母亲完成分离，并且确定她的自我价值感，让她可以选择不再受家庭影响，选择自己的

---

① 空椅技术(empty chair technique)是指完形疗法治疗技术，目的是促使患者对人格中的支离破碎部分或经验的两个极端进行意识的整合。通常由患者扮演人格中两个对立的角色，让他们在这两个角色之间进行对话。

人生，让她知道她要为了自己而活，更让她知道：自己的人生朝什么方向发展、如何发展，决定权在她自己，而不在原生家庭。

这不是一个容易的过程，会有很多反复，但是只要坚持下去，就会看到越来越大的改变。经过一年的心理咨询（后因新冠肺炎疫情咨询中断），小古再次出现在咨询室时，让我耳目一新。她瘦了，脸上的浮肿不再，下巴变尖了，高挑的身材穿着精致的套装，青春焕发、活力四射。而且，她恋爱了。

她说了一句话让我很震惊："我可以正常地吃饭，不会觉得内疚，我可以做我自己，只是还有些许放不下。"

我们的咨询还没有结束，这是她的阶段性成就。她在慢慢拿回自己的决定权，原生家庭对她的影响在持续减弱。这就是一个人在不幸的原生家庭面前所拥有的选择的权利。这种权利不只是终止伤害，还会让人继续成长、成熟。

咨询后记

脱离原生家庭需要成熟的人格。在我看来，一个成熟的人能区分并且接受自己与他人（包括父母）是不同的个体，能建立清楚的自我界限，有良好的自我概念。同时，成熟的人能够和自己的家庭建立起良好且有意义的关系，但不会过度融入而迷失自己。觉察自己是最重要的方法，比如识别自己的想法是"我真的需要的"，还是被社会化之后他人和社会对自己的期待。

不幸的原生家庭，不仅会阻断孩子的成长，在孩子成年后也会进一步阻碍他们的成熟。心理学家指出，人们6岁之前的很多记忆虽然会被遗忘，但在潜意识里会影响成人后的思维，这种影响往往又是人们自己无法觉察的。如果这些影响积压太深，很容易让人出现心理问题，甚至导致躯体化症状，比如抑郁症、暴食症、强迫症等。

如果问题较为严重，光靠自身的积极努力是无法疏通的，而且仅靠自己去调试，往往只是一味地压制或者逃避，治标不治本。存在于潜意识里的那些东西，还是会影响个人的行为习惯和对后辈的教养方式，造成一种恶性循环。在自身无法调节且控制不住内心负面情绪的情况下，求助心理咨询，让专业的心理咨询师介入进行科学的心理干预，是更为高效的方式。

在变化无常的生活中创造"奇迹"

> 小 C 的治疗记录：
> 经历了一系列丧失

小 C 第一次来找我时，正处在人生的最低谷。

她的父亲因为工程意外被停职，爷爷突然病故；她的工作也不顺利，老板总是给她穿小鞋，她与男友的关系更是降到了冰点。

这些坏事聚集扎堆，让小 C 无法承受。她时常感到很抑郁，虽然她看了医生，也服了一段时间药，但这些对她并没有太大帮助。

于是，她来到了我的咨询室。她怯生生地看着我，让我好生怜惜，即使她什么都没说，我也能感觉到她背后承受着巨大压力。

她告诉我:"老师,我太累了,有种灯油耗尽的感觉,我快要转不动了。"

越是被混乱的麻烦事裹挟,越需要抽丝剥茧般地理出头绪。经过梳理,我们将首要目标聚焦在她与男友的关系上,因为亲密关系最滋养也最具破坏性;下一步会聚焦职场;最后再处理丧失——爷爷的离去、爸爸的停职……

这不是一个容易的个案,前方有很多未知,但我愿意和小C一起面对。

亲密关系——直面自卑

小C和男友,看起来并不般配。

小C的父亲是企业高管,家境优渥,而男友来自广东农村。但这并不影响他们之间互相吸引。他们关系中最大的问题是,两人都有些自卑。小C虽然家境好,人长得漂亮,本科毕业,但因为从小受到妈妈的严格管控,所以她总觉得自己不够好。男友的自卑则来自贫寒的家境,加上刚参加工作不久,积蓄不多,所以他在花钱大手大脚的小C面前总显得窘迫。

两个自卑的人在一起,总有一个会更受伤。男友总是通过夸大自己和贬低小C来获得自尊,掩饰自己的自卑。比如,他总是夸海口,说不久的将来会给小C买个大房子,但实际上他是个月光族;小C只要有什么想法,男友的第一反应就是否定,说她不切实际，这让小 C 备受打击，越来越怀疑自己。

在咨询过程中，我让小 C 看到了自己自卑的根源：小时候，无论她多么努力、多么优秀，妈妈总是会批评她做得还不够好。记得有一次考试拿到了全班第二名的成绩，她兴冲冲地告诉妈妈，以为妈妈会很开心，结果妈妈仍然板着脸说：你再认真一点就可以拿到第一名的。小 C 好伤心，她多么期待得到妈妈的肯定呀。

其实，小 C 在成长过程中一直缺乏一个欣赏她、鼓励她的好客体，她的努力、她的可爱、她的优秀从未被看见。她觉得妈妈不喜欢她，就是因为她不够好，而这种"不够好"的标签一直镌刻在了她的内心深处，让她不断地否定自己。

我会在咨询中抓住各种机会，将我看到的、感受到的她身上闪光的地方告诉她，肯定她、认可她。其实，她的理解力、共情力和洞察力都让我刮目相看，因为小 C 自学了很长一段时间的心理学，她会对自己进行分析，也会对她与男友的关系进行分析。大多数时候，我对这些分析都是认可的，也会再多给她一些视角，帮助她获得反思。

当小 C 看到男友的脆弱，不再与男友针锋相对时，她温柔的一面也就慢慢地呈现出来。通过咨询，她变得更为包容，也有能力承接男友的情绪。同时，男友也感受到了她的接纳。小 C 学会了跟男友谈她的感受，引导男友说出他的感受，他们从相互索取关注、总是感受到被忽略，转为开始尝试自我照顾，同时也学会了站在对方的位置体会对方的感受，尝试理解对方。这让他们的关系更近了。

职场——发现自身力量

对待工作，小 C 一直充满创意。可是她的领导控制欲极强，不喜欢小 C 自由发挥，反而要求小 C 必须事事汇报。小 C 骨子里有些叛逆，在工作中会自作主张，这让领导很不满意，小 C 对此也很沮丧。

小 C 不知道该如何与她的领导相处。在分析中，她发现自己跟父亲的关系模式被复制到了她跟领导的关系中。父亲是一个非常严厉的人，他对小 C 有很高的期待，总希望小 C 可以按照他说的去做，完全不允许她有自己的想法，这让她非常压抑但又无力反抗。她看到，原来她对来自权威的控制有着天然的抵触，会无意识地通过被动攻击去挑战权威。而她又恰好遇到了一个事无巨细都要插手管她的领导，结果就是两人的关系岌岌可危。

当我们还在寻找打破僵局的办法时，有一天小 C 发信息告诉我，她被炒了鱿鱼。我对她的情况表达关切，共情她的感受，并跟她说："我们可以在下一次咨询时讨论这个部分。"

小 C 觉得愤怒、无助，还有被人扫地出门的羞耻。她不知道下一步应该怎么办。在现实层面，我跟小 C 探讨，她是否意识到作为雇员，她的权益被侵害，她应该获得相应的赔偿。小 C 说："一想到领导我就发抖。虽然很委屈，但我不敢向单位提出这样的要求。我担心这样会对自己造成不好的影响。"

我问她："在过去，当你受到了不公平的对待时，你是怎么处理的？"

小 C 说："一般是忍气吞声，但我也不喜欢自己这样。"

在咨询过程中，小 C 慢慢发现这是一次绝好的成长机会。她可以为自己发声，不必忍耐退缩。在我的支持下，她鼓足勇气将编辑好的一条信息发给领导。

一周以后，她告诉我，因为据理力争，她拿到了赔偿。她为了捍卫自己的权益，勇敢地迈出了无比艰难的一步。这一次的成功让她有了底气，她不再是那个任人欺负的小女孩了。

不过对于重返职场，她仍然缺乏信心。

在咨询中，我发现小 C 很有艺术天分。她喜欢鲜花，曾经参加过专业的花艺培训。当她描述这些的时候，她的眼里是闪着光的。于是我跟小 C 探讨：有没有一种可能性，将自己的爱好变成可以赚钱的事业？

小 C 说："或许我可以试试举办一期特别的花艺活动，一个用鲜花进行艺术表达的沙龙。"

没想到在那次咨询后，她真的行动起来了。她自己做海报，寻找合作伙伴，招募学员，还联系了展示场地，真的开了一场沙龙，而且很成功。后来，她有意识地做个人推广，联系了社区服务中心、咖啡厅、学校、女性成长团体。沙龙越做越大，成为她的职业。

曾经只存在于她的幻想里的事情一一实现了。在机会面前，她不再退缩。

丧失——完成哀悼

小 C 最初来找我时，我在她身上总能感到一种淡淡的忧郁与悲伤。

后来她告诉我，因为她的疏忽，她养的鹦鹉死了。这让她伤心不已。那只可爱的、毛茸茸的黄色小东西经常站在她的肩上，用嘴巴轻划她的长发，在她耳边喃喃细语，它是那么忠诚地陪伴着她。

她说："那天夜里它一定很痛苦，它一定曾经向我求助，可是我睡得太死了。结果第二天早上，我看见它直愣愣地躺在地下，再也不能动弹了。"

她边说边流泪，我关切地看着她，让她表达对一只鸟的哀思。或许很多人无法理解这样的情感，一只鸟死了而已，怎么会激发这么悲伤的感觉呢？

其实在这段时间里，她正经历着一系列的丧失：父亲失去了高管的位置,陪伴自己的小鸟死亡,爷爷去世,自己失去了工作……讲述对这只鸟的思念,于她而言也是一个哀悼的过程。只有当悲伤被完整地表达和看见的时候,才可能被放下,也才有可能会发现,曾经美好的记忆一直留存在心底,不会消失。

我与小C的咨询持续了一年多,我知道,她已经将生活丢给她的酸柠檬做成了一杯可口的柠檬汁。现在的小C开启了自己的鲜花艺术疗愈事业,她与男友的关系也越来越融洽,即将结婚。

我曾经在咨询中引用过张德芬的一句话:"地球就是一个大的游乐场,我们拿到了入场券。假如把人生当作一场游戏,我们何不带着好奇去多尝试呢?"

当然,没有人天生就能应对无常,也没有人天生就有化酸为甜的能力,这种能力是后天学习和成长而来的。当你遭遇苦难时,不要忘了这只是生活给你的一次小考,你可以自己选择如何面对。

咨询后记

　　有时候真的很不凑巧，我们的生命中会遭遇一系列接踵而至的打击。我们努力而坚强地活着，但可能一个微小的事件就会令我们崩溃决堤。生活不免遇到困境，有时甚至祸不单行。面对一连串的打击时，我们可以从当下出发，看看此时我们可以改变什么，哪些暂时无力改变，接受那些无法改变的事实，改变那些可以改变的。比如，从书中找找解决的办法，或者问问身边有过同样经历的朋友，看看他们是如何度过危机的。假如你尝试过所有自救的办法，仍然感到无力无助，此时，如果身边有一位咨询师可以坚定地陪伴你，看见你的悲伤、你的无力、你的恐惧，那么在某一次心灵相遇的时刻，也许触动某个开关，你停滞的生活的车轮就会转动起来。

第2章
那些被我们忽视的情绪密码

你还在试图控制或战胜情绪吗？

> 来访者的治疗记录：
> 患有艾滋病恐惧症，严重恐惧，寝食难安

多年前，我曾接待过一位患有艾滋病恐惧症的来访者。

他在一次出差时有过一次边缘性行为，回来后很担心得艾滋病。去医院检查后，医生告诉他这不属于危险性行为，不会得艾滋，但他还是很害怕，坚持要做检测。可是检测需要时间，就算出了结果，也不能保证他是绝对的阴性或阳性，而是一个概率。于是，他陷入严重的恐惧之中，寝食不安，最后不得已走进了咨询室。

咨询中,我邀请他做一个练习:"你来扮演你内心的恐惧感,把它正在说的话对我说,而我来扮演你,你看可以吗?"[①]

他同意了。

他(扮演恐惧):"你要是得了艾滋病怎么办?你为什么那天要去夜总会呢?"

我(扮演他):"你很在意我的健康,希望我不要生病,对吗?"

当我用一种对待朋友的方式去靠近他扮演的恐惧时,他停住了,声音变得温和了。

他:"是啊,我很担心你的健康,我希望你好好活着。"

我:"非常感谢你的提醒,此刻我也觉得那天的行为不妥当。"

停了一会,我接着说:"为了我们共同在意的健康,你觉得我们能做点什么呢?"

他再次停下来,然后说道:"以后再也不要去那种地方了。"

我说:"好的,你说的我听到了,以后我再也不去了。"

……

---

① 这个练习是我个人的一个小发明。它的来源有两个:一是叙事治疗中的外化技术,二是人本主义取向的非暴力沟通技术。具体的作用是达到人与情绪的和解。通用的操作方法是,先把情绪外化,把来访者和他的情绪分开,然后让两者沟通。通常由来访者扮演自己的情绪,而咨询师扮演来访者。通过这种演练,咨询师向来访者呈现一种新的关系——既不压抑情绪,也不被卷入其中,而是友好相处。

后来，这位来访者又因为学业上的一些困扰做过咨询。他在回顾恐惧艾滋病的经历时，说道："当我体会到'恐惧'是在帮助我的时候，我感觉好多了。"

在那次让他印象深刻的咨询中，我跟他共同努力达成的，就是学习跟内心的恐惧情绪做朋友，倾听它、理解它，最后跟它一起寻找方法。

罗斯福曾经说过，我们唯一值得恐惧的就是恐惧本身。这位来访者最大的恐惧是他自己的感受，正是罗斯福说的恐惧本身，他不是在跟外界斗争，而是跟自己的内在斗争，这种斗争带来巨大的内耗，甚至可能造成抑郁。

而心理咨询所做的，正是努力改变我们与内在体验的关系——从一种隔离、压抑、对立、逃避的关系，转变为平等对话、友好协商的关系。

动画电影《头脑特工队》里有5个小人，表示5种情绪——乐乐、忧忧、怕怕、怒怒、厌厌。影片一开始，主角总是想把蓝色的忧忧排斥在外，想要更多的乐乐。当忧忧被弄丢后，主角陷入了无喜无悲的抑郁状态。故事的关键转折发生在主角意识到了忧忧的价值，不再拒绝她，而是主动邀请她加入各种情绪组成的小团体。电影中给我印象最深刻的画面，是乐乐和忧忧拥抱在一起——这就是一种友好协商的关系。

但我们和情绪不是总能友好共处的。按照一个人跟自己情绪的距离远近，可以把与情绪的关系分为3类。

1. 压抑、漠视、疏离情绪

当一个人很少流露出情绪的时候，我们会用"冷酷无情"等词来描述他给别人的感受。与这一类来访者工作的时候，我注意到，他们不仅对其他人表现出冷酷无情，对自己内在的感受也是冷酷无情的，或者说，他对自己的情绪是压抑、漠视、疏离的，这是最远的关系。

2. 被情绪掌控

当一个人被情绪掌控时，会怒发冲冠或大发雷霆。如果一个人经常出现这样的状态，旁边的人也会对其敬而远之。这种状态下，人和情绪融为一体，是一种最近的关系。

3. 平等、友好地对待情绪

平等意味着既不居高临下地压抑情绪，也不被情绪反过来完全掌控。友好意味着既保持彼此的独立，又保持良好的接触。

每个人都会体验到这3种关系状态，偶尔压抑情绪，偶尔被情绪掌控，并不会造成什么困扰。但如果持续时间比较长，比如两周以上，就会有一定的风险。当我们跟自己的情绪总是处于压抑、漠视、疏离的关系时，可能就会有抑郁的倾向。

弗洛伊德在《哀伤与抑郁》中写道："抑郁不是哀伤过度，而是哀伤不足。"在哀伤不足的状态下，我们是漠视、远离甚至逃避哀伤的；而哀伤过度时，我们是跟哀伤在一起的。弗洛伊德的观点与电影《头脑特工队》所表达的观点非常一致——拒绝了哀伤，即丢掉了忧忧，才是抑郁的根源。

我接待过许多有抑郁倾向的来访者，他们常常会描述"自己好像困在一个玻璃瓶子里，能看见这个世界却没有感觉"。为什么会这样呢？一种可能的解释是：人体的情绪系统只有一套，积极情绪和消极情绪有相同的生理基础。也就是说，在生理层面，情绪并不分消极和积极、好的和坏的，这些评判和分类是我们根据自己的喜好来划分的。

所以，我们要么选择接受这套系统，痛并快乐地活着；要么选择压制这套系统，麻木地、无喜无悲地活着。我们不能选择只要快乐不要痛苦地活着。

当面临重大生活事件，比如失恋、失业、重病时，这些事件会给我们带来巨大的痛苦。如果我们选择回避痛苦，也就是选择压制整个情绪系统。时间一长，我们可能就成了"困在玻璃瓶里的人"，麻木地活着。我们跟自己的情绪关系越不友好，情绪系统被压制得越厉害，产生心理疾病的可能性就越大。

反之，如果完全放任情绪，让情绪掌握我们的行为，那我们就退回到了孩子的状态。这样确实不容易抑郁，但必然会影响人际关系和职业发展等。如果能学会跟自己的情绪做朋友，和它们建立友好协商的关系，就不用费很大力气去压抑情绪了。我们会获得对抑郁和其他心理困扰的免疫力，也不会常被情绪掌控，从而避免过激情绪对人际关系的损害。

如何和情绪建立友好协商的关系呢？在深入这个问题之前，我需要再讨论一下情绪的分类。根据我们的喜好把情绪分为积极和消极，或者说好与坏，虽然简单直接，却并不完整和准确。我补充一种分类，即按照在情境中情绪产生的先后顺序，把情绪分为初级情绪和次级情绪。最容易被观察到的"愤怒",一般是一种次级情绪。

比如,一天晚上,我回家发现孩子在看电视而不写作业,感受到了愤怒。但只要我细想一下,就会发现我愤怒是因为担心她的学习。担心出现于愤怒之前,是一种初级情绪。愤怒可以说是对担心的一种反应,是次级情绪。次级情绪有一个功能,就是消灭初级情绪。

比如,我在愤怒的驱使下,让孩子进房学习,这时我的担心就会被消灭。所以"跟自己的情绪做朋友",主要是指跟自己的初级情绪做朋友。想象一下,如果我们可以很好地面对担心、悲伤和内疚等初级情绪,那后面的次级情绪也就没有了存在的价值,它们存在的根基被瓦解了。

所以,我们该如何跟自己的情绪做朋友呢?这里有一系列动作。

1. 停留

当情绪袭来时,尝试着停下来什么都不要做。

2. 觉察

尝试着觉察那一刻出现在头脑中的想法,体验那一刻内心的感受和身体的感觉。

3. 确认

尝试梳理在情绪升起的过程中发生了什么,区分次级情绪和初级情绪。

4. 叩问

看看初级情绪是在表达什么样的需求。

5. 行动

探索满足这个需求的方法。

还是用我看到孩子看电视而怒火中烧的例子，再次说明一下。

停留：当我注意到自己怒火中烧时，我到书房里坐下来，专注地做了几次深呼吸。

觉察：我注意到头脑中浮现的想法"孩子太不听话了""她这样下去完蛋了""任由她自生自灭算了，我实在没办法了"，体验到的情绪不仅有愤怒，还有失望、无奈、担心等。

确认：在这一系列的情绪感受中，担心是最强烈的。我想象了一下，如果她能够掌握足够的生存技能，应对未来的挑战，她再看电视，我也不会如此愤怒。

叩问：担心的背后是我的什么需求或者什么期望呢？我希望孩子的生存技能能够提升。

行动：我在此刻可以做些什么来真正帮助她？

这样做之后，我就不会被自己的愤怒所扰，自然也不会把愤怒发泄在孩子身上，反而能很快平静下来，做出实际的、有意义的行动。

因此，跟自己的情绪建立友好的关系，是一件很美好、能让人受益但不简单的事情，需要反复练习。

咨询后记

尝试和自己的情绪做朋友,在一开始的时候,可能会遇到一些困难。比如:难以区分初级情绪和次级情绪,感觉各种情绪像一团乱麻;或者不知道情绪背后的需要是什么,难以完成最后一步即用行动去回应情绪……这时,我们不要着急,这些体验在一开始都是很正常的。只要按照上面说的5个步骤不断练习,熟能生巧,就可以越来越快地与情绪讲和。这个过程一开始可能需要两天,然后变成一天,最后可能变成5分钟,这是一个循序渐进又切实可行的过程。

如何化解我们内心的冲突

> 小光的治疗记录：
> 男，19岁，学生，长期强迫症，经常性手淫，经历多种治疗方式（含服药半年）无果

"老师，我想告诉你，上周的某一天里，我突然发现自己是真正活着的，我能闻到带有花香的空气，能听到小鸟的叫声，能看到天空中飘着的白云，能感受到微风拂过我的脸庞……这一切都在告诉我，活着是那么真实和美好。"

这是一位罹患强迫症的来访者小光（化名）在咨询两年后告诉我的话。他终于可以放下强迫性的思维和行为，真实且幸福地活着了。

被诊断为强迫症那年，他19岁。为了治愈强迫症，小光曾经念过佛经，学习过森田疗法，尝试过每天进行正念练习，甚

至服药半年，但都没有明显效果。在极度痛苦的感觉的驱使下，他找到了我。

小光第一次来我的咨询室时就迟到了。坐下后，他显得有些拘谨，似乎他把我放在了一个威严的"坏客体"①位置上，他不敢说，只能用迟到来表达潜意识里的恐惧。我想鼓励他尽情表达，但这或许有些难。在进行有关设置的介绍之后，我告诉他："你觉得可以的话，可以尝试表达你对我的感觉，恨也好、爱也好，哪里让你舒服也好、不舒服也好，甚至性幻想也好……这不是利用，而是让你把我当成一面镜子，通过我看到你心里藏了什么。把它说出来，再去联想看看我给你的感觉能让你想到什么。"这是心理咨询中移情技术的使用，这项技术是精神分析流派中一项广泛应用但却最富有魅力的技术。

"移情"最早是由精神分析鼻祖弗洛伊德于1895年提出的，主要是指来访者在精神分析治疗的过程中，对咨询师产生的一种强烈的情感，而这个情感其实来源于来访者自己过去生活中对某些重要人物的情感，他将其投射到了咨询师的身上。移情的发生往往是不知不觉的，而不是刻意或者可以用意志力控制的。用心理学术语来讲，就是在潜意识当中发生的。举个例子，

---

① 坏客体：精神分析中客体关系理论术语，意指治疗师被来访者投射为虐待的、不能满足的、拒绝的"坏客体"，咨访关系此时"活现"了来访者与早期重要养育者的关系。

小光的迟到在我们长达两年的咨询过程中时有发生,有时候他甚至会遗忘我们的约定。对这个情况的探讨,我们做过很多次,每次都会发现潜意识当中隐藏的一些信息,比如他是在用迟到来表达害怕的感觉、对金钱的在乎等。最近,当他终于可以鼓足勇气表达对我的愤怒的时候,他才慢慢吐露,迟到和遗忘其实是对我的挑衅,他是想试试,当他不是个听话的乖孩子时,我会不会像他的父母一样歇斯底里地愤怒,像只野兽。在他内心深处,即使我从未惩罚过他,他还是将我移情成一个严苛、无情、冷漠、会报复他的人,因为在他早年的关系中,最重要的陪伴者就是这样的。

　　移情可以帮助来访者发现,在早年经历的特殊事件中,他们是如何感受的,并对过去有更加深刻的认识和领悟。除此之外,移情是咨询师奉献了自己,帮助来访者区分现实和幻想,并帮他们认识到,也许现实生活中的许多人如咨询师一样,并不像他们想象的那么可怕。这样,他们就可以在出现熟悉的念头和感受时提醒自己停下来。最后也是最重要的,当来访者和咨询师之间发生移情的时候,来访者会发现,咨询师并不会像想象中那样报复他。这个过程有时虽然需要几年之久,但在这个过程中,来访者经过一次次地试探,最终确定了"我在这里是安全的",从而一点点增加内在的力量——可以勇敢地表达自我的力量。最终,他可以将这份力量运用到生活中。改变就是这样一点点积累的。

说回小光,当他明白在咨询中怎样使用自由联想和移情的方法时,他开始描述自己的想法,其中最多的是:"我知道应该好好学习,可是内心恐惧和害怕的声音在告诉我,我什么都做不好,于是我就在想做和不做之间犹豫不决,最后不得不用麻木的状态去做一些迫不得已的事——我经常手淫,脑袋里有个声音告诉我不应该这样,可我还是忍不住。之后又自责、愧疚,什么也干不了……"年轻的他显得混乱而压抑。

第一次咨询我们没有聊得很深入。但逐步地,我和小光之间建立了一个稳固和安全的关系,这让他感觉到温暖、抱持,再加上我的中立,这段关系是没有私心和目的的,他可以成为他自己。他曾经和我说:"老师,来到你咨询室的那条马路、那些路灯、那扇门、这把椅子,都是有温度的。"

有了稳固的关系,才有无限的可能性,在这个可能性里,他可以自由地表达爱和恨,慢慢允许自己去探索、释放、看到、改变。于是,他的故事慢慢展开。

小光在某个偏远县城的乡村长大,因为父母工作比较忙,他自小跟爷爷奶奶生活。小学三年级,他开始跟妈妈两个人生活,父亲在很远的地方工作,很久才见一次,这样的生活一直持续到高中住校,强迫症的症状也是在那个时候出现的。

小光的爸爸和爷爷奶奶非常像,习惯了压抑感情。如果妈妈谈及感情话题，爸爸的反应是逃避，或者呵斥"不许再说"。父母对小光的成绩要求非常严苛，有次小光数学考了 60 多分，爸爸感觉受到了奇耻大辱，把他痛骂一顿。当然，爸爸也有放松的方式，就是看黄片和酗酒。小光 7 岁时在爸爸的电脑里发现了黄片，一看就上瘾了，这与他之后强迫性地看黄片和手淫有密切联系。

小光的妈妈是初中教师，对自己和他人都非常严苛。小光 3 岁的时候，有天晚上妈妈逼着他写数字"2"，他写倒了，妈妈发疯一样一边骂他蠢，一边逼着他不停地重写，直到本子都擦烂了，他哭得筋疲力尽睡着了才结束。但这只是噩梦的开始——

"那天晚上，我感受到妈妈和之前的妈妈不一样。她的影子像恶魔，在昏暗灯光的映照下，在我面前张牙舞爪，我被撕成了一片一片。"

这次创伤性事件，在我们长达两年多的咨询时间里他提到了不止 20 次，每次都有不同的发现。因为当时太痛而被压抑的信息，会在重新回忆的时候冒出来。

当然，妈妈之所以无法为他提供包容和支持，也和她早年的创伤有关。妈妈的原生家庭重男轻女，虽然她学习很好，但是不能上大学；她很小的时候被蛇咬，生命垂危，家里人却没怎么管，最后是一位乡村医生救了她。所以，她非常努力想让自己过得好，让身边的人也过得好。她忍受不了自己不好，更无法接纳儿子不好。她的无力常常会传递给别人，尤其是儿子，她企图获得支持和安慰。小光记得在他4岁的时候，妈妈说过："儿子，草地里万一有蛇怎么办，我害怕。"于是他很英勇地说："别怕，妈妈，我保护你。"很自然地，小光跑到了妈妈需要的位置上，成了照顾妈妈的角色。在他青春期之后，妈妈仍然会邀请他和她睡在一起，甚至用钱来诱惑他。而爸爸面对这些，仍然选择逃避。

所以，这个家庭里，妈妈的无力、拼命想抓住点什么的惶恐，爸爸的压抑、逃避，以及整个家庭对自由表达情感的不允许、对边界设定不清晰造成的混乱，造就了小光对自己情绪的不允许、控制，以及用手淫来释放压抑情绪。可是，他的内在也有一个不允许这一切的自己，于是"强迫"出现了。"强迫"这个行为是一种折中，让小光不至于被淹没。

有一次咨询时，他联想到了一个曾经看过的恐怖片：故事里，妈妈把孩子吃掉了。恐惧渗到了他的每个细胞，他浑身哆嗦。这个时候恰好咨询的结束时间到了，他说："老师，我可不可以在这把椅子上再躺一会儿，太害怕了。"我同意了，于是把他一个人留在屋子里。过了一会儿，他出来了，对我说："我好了。"之后再谈到这件事，他说，咨询室和那把椅子给了他回到子宫的感觉，让他觉得很安全。

在这次的咨询中，小光谈到了"坏妈妈"，也从我对他的允许中感受到了"好妈妈"。如果说，他对我的移情一直是个严苛、冷漠、让他感到害怕的坏人，那么这次，他感受到了我好的那部分。正是因为有了这样的体验，小光得以把"好"和"坏"慢慢地分开，并渐渐建立自己的边界。而我在整个过程中起到的是稳定设置的作用，我不会给他任何意见，只是慢慢陪着他看清，看清母亲对于他来说意味着什么，看清父亲的缺失，也看到他自己症状的意义。

后来他告诉我："老师，我看清了我妈妈又在用什么样的方式控制我，她用语言和行为无法控制我的时候，就用生病的方式。每隔几天，她就会告诉我，她有多么痛苦……"我从他的话里知道，他已经可以将自己和妈妈分开了，所以强迫性的症状当然也就停下来了。

在和小光的咨询过程中，有时候他的一大段冗长且毫无重点的自述会让我有一些不同的感觉，我知道，这是咨询师的反移情[①]。当这种感觉出现的时候，我一边悬浮式地聆听，一边

[①] 反移情是与移情类似的一种情感或情绪反应，只不过它发生在咨询师身上，因此可以理解为咨询师对来访者的移情。反移情通常来源于咨询师的无意识冲突、态度和动机。原因有两个：第一是咨询师自己的过往感受转向了来访者，在此种情况下，咨询师需要处理自己的问题。第二是来访者会吸引咨询师产生某些特定的感受，导致咨询师对来访者有某些反应的冲动。这时咨询师需要思考自己的感受并与对来访者的个案概念化连接，对来访者做出恰当的反应。反移情对咨询产生积极或是消极影响，主要取决于咨询者能否对自己的反移情做出妥当的处理。

自我工作，想："此时此刻这个强烈的感觉，是我自己的问题导致的吗？如果不是我的，那么他在尝试用让我出现这种感觉的方式，让我明白什么？"当然，这不是一件容易的工作，一方面要求咨询师对来访者的个案概念化有较深的理解，另外一方面要求咨询师能够结合自己的身心反应对来访者做出恰当的回应，而不是像日常生活中的我们一样，站在自己的感受层面表达自己的感受。比如，对方说话让你感觉到很烦，就直接回应说"太烦了"，或者找借口离开。

我选择在合适的时候回应他："在听你说这些的时候，我感受到一种非常烦躁、不想听、在听流水账的感觉，因为我感受不到情感。我在想，你是在用这样的方式让我知道，你曾经经历过什么，在那样的经历中，你的情感是不被看到的，而且你也无法靠近到自己的情感。"

他想了想，告诉我：其实他不敢面对真实的自己，不敢表达真实的内心。多年以来，他一直要在父母面前伪装。只要他们在场，他就会启动各种讨好应对模式，把自己最好的一面展现给他们，只有这样他才觉得安全。

小光就是在这样的治疗性关系中，一点点发生着改变。现在，他的人际关系有了很大的改善，找到了一个有自我、有力量的女友。他和女友之间有时候也会重复发生旧有的模式，但女友不会用像父母那样用报复性的方式对待他。比如帮助女友吹头发，当女友表达"你吹得不好"的时候，小光会特别害怕，觉得自己什么都做不好的感觉又会浮现出来。这时女友会觉察到他的害怕，跟他沟通。这个时候，小光可以表达由此产生的联想和感受，从而得到疗愈。

最重要的是，父母还是原来的父母，但是对于他来说，不会再受到很大的影响。虽然有时候他的情绪还会有波动，但是当情绪出现时，他会觉察到，并且可以积极接纳。

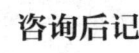
咨询后记

整理小光的案例时,我在想,让很多人受困的强迫症,其实是内心的冲突表现。而内心的冲突也只有通过内心的工作来化解。

如何面对自己的强迫思维或行为?

像小光这样的来访者还有很多,他们每个人都有类似的内在冲突:我自己的(自体的)和我内化了父母曾经对待我的方式(内化的重要的客体),两者之间常常产生冲突,两个身份不断发生跳转。

比如,有个声音说:"我好想打断他们说话,好无聊,好烦……"可是一些人会不自觉地把这个冲动压抑下去:"算了,忍着吧,这样不礼貌。"

常常对自己这样做的人,习惯压抑自己、讨好别人,或者处于逃避和边缘状态,觉得自己被怎样对待都可以。

所以,如果常常陷入类似的冲突中,可以通过以下几点来帮助自己。

1. 觉察

最开始,你可能常常重复这样的模式而不自知。那么你需要感受一下,并试着问一下自己:"我这样做累不累,会不舒服吗?会难受、愤怒吗?"如果答案是肯定的,那么对自己说"停下来",找个安静的地方先平静一下,内心数 10 秒并深呼吸。

2. 看清

让自己试着慢慢辨析内心出现的两种不同的声音:第一种是什么样的声音,想表达什么,让你想到什么样的自己,最好是有画面感;第二种声音又是什么样的,在表达什么。在你联想到的某个事件中,是你或者还是别人在用这样的方式对待你。

有情绪就去感受,并自然流露,可以自己对自己说出来,也可以用写的方式。这样,你就能看清自己的两种模式和两种身份了,就可以在这种情况发生的时候及时觉察并停下。

3. 改变

一次次这样的觉察和看清,有助于培养内在观察性自我的建立。当观察性自我的力量一点点增加的时候,它可以在我们的日常生活中起到帮助觉知、清晰边界的作用,我们不会因为他人的眼神、语气、态度而轻易影响情绪，不会将自己内心的感觉投射到他人身上，甚至可以利用他人和发生的事件来认识自己，帮助自己成长。就像年轻时的苏东坡，曾和很多人一样，想通过与佛印的竞争来证明自己，但是在面对佛印的如如不动之后，他明白了真正的成就是修炼自己的内心，于是静下来做自己。最终他成了中国历史上公认的大师。

我们该如何管理情绪

> 小李的治疗记录：
> 贸易公司的客户部助理，因同事离职感到惶恐
>
> 小丽的治疗记录：
> 易怒致使婚姻破裂

情绪，是一系列主观体验的统称，它是多种复杂的感觉、思维和行为表现综合产生的生理与心理状态，最基本的四种表现有：快乐、愤怒、悲哀、恐惧。不过当情绪真的产生的时候，往往又不是用喜、怒、哀、惧就可以概括的。

小李是一家贸易公司的客户部助理，在公司跟所有员工都能和谐相处。有一天，按时上班的小李发现自己隔壁的同事小张不在公司了，据说他离职了。整个上午，小李的心情都很惶恐，

内心五味杂陈，烦闷、抑郁，直想大哭一场。这样的情绪持续了一周，带着这个问题，小李走进了咨询室。

咨询师："小张的离职是引起你情绪变化的主要原因吗？"

小李："不全是，我主要是对小张离职，心里感到不舒服。"

咨询师："你平时和小张关系是怎样的？"

小李："并没有深交，就是上班打个招呼，下班后各回各家。但是他的离去，让我内心有一种自己被抛弃的感受。"

咨询师："被抛弃，让你有什么联想吗？"

小李："我想起嫂子怀孕去做孕检时，医生特别嘱咐要少接触动物。哥哥与爸爸商量后，就把养了三年的小狗送人了。这段时间我回家，家里也没了'汪汪'的叫声。其他没有什么。"

咨询师："你会感觉小狗被抛弃了吗？"

小李沉默了一会儿回答："是的。"

咨询师："那么，你如何看待小张的离职与你家小狗被送人这两件事情？"

小李沉思了一会儿，说道："小狗被送人，在我的内心是有痕迹的，让我产生一种被抛弃的感觉。这让我想到小时候被奶奶关在大门外的经历，我很恐慌……"

从这个案例片段，我们可以看到，小李对同事离职的直接情绪反应是惶恐，其中藏着很深的被抛弃的感觉。而这种被抛弃的感觉既来自自己养的小狗被送人的经历，又来自小时候被奶奶关在大门外的感受。可见,情绪不只是我们表面感受到的喜怒哀惧那么简单,背后藏着我们忽略的或者想逃避的重要信息。

尤其是那些经常出现的情绪,往往会暴露我们人生的密码。下面是小丽的故事。

小丽前段时间离婚了。离婚的原因很简单——她太易怒了,脾气总是一点就爆:老公进门没把钥匙放在规定的位置,炒菜稍微咸了淡了,她都会非常生气。用她老公的话说:"家里就像战场一样,自己太害怕了,一日不得宁静。"小丽在发完脾气后也总是自责,纳闷自己为什么在那一刻不发脾气就过不去。

咨询室里,我问她:"炒菜不合口味,你会暴怒,那么在吃饭之前,你对菜的味道是有期待的吗?"

小丽深深地思考了一下,说:"不是期待,在我心里是'应该',老公端上来的菜就应该是好吃的、合口味的。"

"应该?你能解释下你认为的'应该'吗?"我问她。

"呃……'应该'就是,他知道我的想法和我的需要,而且还要把事情做好。"小丽说。

"听起来,在你心里,你的老公像神一样,知道你心里所想,并能够在细微处满足?"

小丽笑了,说:"这个想法很幼稚,是吗?"

我认真地回应她:"这个想法也许对你来说很重要。再感

第2章
那些被我们忽视的情绪密码

受一下,如果有一个全能的老公来完全满足你,对你会有怎样的意义呢?"

沉默和探索之后,小丽抬起头来说:"这样我就可以是全能的。什么也不说,什么也不做,就可以指挥老公。"

经过一次次深入的对话,小丽终于发现,她愤怒的背后是想控制一切的愿望,这种愤怒似乎是在说:我希望世界围着我转,我想一切按我的计划进行。

不止如此,在第20次咨询中,小丽哭了,她发现自己愤怒里还藏着深深的无力感。因为感到自己是无力的、无法让别人满足自己,所以她似乎只能通过咆哮来表达悲哀。这种无力让她想起小时候特别需要照顾却依旧被忽略时的悲伤。一开始被识别为愤怒的情绪,一层层地深挖下去,还有控制、无能、失望,而最底层也是最柔软的,则是渴望——渴望在关系里被看到、被关怀,以及被爱。

情绪就像一个抵达内部的通道,表现出来的也许只是喜、怒、哀、惧,但是只要愿意顺着通道走下去,就会发现关于自身的秘密。

每一种情绪都承担了相应的表达功能和保护功能,构成一个情绪系统,帮助我们理解自己的内在需求。情绪本身并没有好坏之分,每一种情绪都有它的作用和价值。情绪之所以出现,不是为了劫持或者控制我们,而是帮助我们。比如感觉愤怒时,这是情绪在提醒我们拒绝或者远离伤害;感觉难过时,这是情绪在提醒我们需要关怀自己。因此,没有什么情绪是不应该发生的,每一种情绪都值得被看见。

回到上述小李的案例。第 8 次咨询后,小李慢慢发现,害怕被抛弃的感受导致她习惯性地讨好别人,于是她一直活得怯弱、小心。在公司,她每天都是第一个到,把办公室打扫干净,把热水打好;在家里,她特别注重父母和哥嫂的感受,什么都抢着干。

但是,她越是讨好,越是得不到喜欢和认同。在公司,同事对她颐指气使;在家里,父母似乎更喜欢哥哥,不待见她。这让她非常委屈。终于有一天,当哥哥又一次支使她跑很远的路替自己拿快递时,她拒绝了。她说:"这个时间我需要做我自己的事,相信你有办法拿你自己的快递。"

在咨询室里,小李告诉我,拒绝哥哥的时候,她内心很忐忑,但同时也觉得很爽,她终于有能力维护自己的感受,不用小心谨慎地看家人的眼色了。这都是小李开始重视自己的委屈并学会表达委屈的结果。当她越来越懂得听从情绪、维护自己的时候,同事和家人反而越来越尊重她。

只有善于管理情绪,我们才能够更加理智地认识自己,做出的决策才不会出错。

咨询后记

那么,如何管理自己的情绪呢?

1. 识别它

心理学家阿尔伯特·艾里斯提出情绪 ABC 理论,认为人的情绪异常不是由单一事件诱发的,而是个体对整个事件的看法、解释、认知不协调导致的,所以有能力识别情绪很重要。

每当情绪发生的时候,先不要急着付诸行动。停下来,用几分钟观察内心的感受、身体的变化。看看这个情绪是什么,来自哪里。

2. 理解它

识别出情绪以后,再多问自己两个问题:为什么会有这样的情绪?这个情绪想告诉我什么?

比如早上睡过头迟到了,这本来是一件很小的事情,你却感觉很沮丧,一天的心情似乎都被毁掉了。这时你可以问自己:"为什么沮丧?""因为我不想迟到,我想做一个好员工，迟到会让我觉得自己在偷懒，我不喜欢这种感觉。"

那沮丧想告诉我什么呢？可能想让我知道，我喜欢自己是勤奋守时的；同时也让我知道，我可能对自己要求太完美了，其实我最近挺累的，就算是偷懒也是可以理解的。

3. 尊重它

有人说，尊重是一种宇宙的秘密，你投以尊重，必然收获尊重。尊重花开，花必鲜艳；尊重叶落，叶必报谢。

尊重自己的情绪是一种对自己的生活、事业负责的心态，也是产生自信、乐观、进取、勇气等优秀品格的因素。它不仅仅是我们在工作、学业上取得成功的条件，更是一种处世哲学。尊重情绪，就意味着不责怪、不质问、不拒绝，而是全然接纳。

4. 运用它

当能够理解和尊重所有情绪时，你就能自然地运用或转变情绪，并从中获益。还是上面提到的因为迟到而沮丧的例子。当你发现自己的沮丧是因为对完美的过度追求时，其实已经从情绪中更全面地认识到了自己。当这种领悟发生的时候，沮丧自然而然就消失了。

接纳脆弱反而是一种勇敢

> 简若的治疗记录：
> 28岁，外企白领，即将和未婚夫结婚，但经常出现胸口憋闷的情况

前几天，正在读初二的女儿焦虑地对我说："妈妈，你快看看，这些粉刺会不会留疤，留疤了怎么办？我怎么长这么多粉刺呀！"一边说，她一边流眼泪。

还没等我回应，她又欣喜地跟我说："一会儿我用你的芦荟胶，应该有效吧？还有奶奶说，香油是万能的，会不会对粉刺也有用呀！"

我和她逗趣："宝贝，你可真是一会儿晴，一会儿雨。"

她掷地有声地说："还不让人脆弱了？我不就是被粉刺打败了吗？"

一句"还不让人脆弱"了,让我很震惊,猛然回想起我在她这个年龄时都不敢如此面对脆弱。

我不禁唏嘘,只有被接纳的脆弱才能成为一种真正的力量。

作为一名心理咨询师,我见证了许多来访者的亲身经历,这更让我确定,接纳脆弱是我们的人生必修课。没通过这门课的人,只会不停错失幸福。

我的一位女性来访者叫简若(化名),28岁,气质优雅、相貌出众,是外企白领。简若即将和心爱之人结婚,本来一切

第2章 那些被我们忽视的情绪密码

都很完美，只是她经常会感到胸口憋闷、隐隐作痛，去医院检查又找不到原因，所以只能求助心理咨询。

见到简若时，我的第一感觉是她完美得不真实。她美丽优雅，让人如沐春风，谈吐举止像是受过专业训练一般得体。她的男友英俊帅气、气宇轩昂，就连两人的身高差都是黄金配比，像是从偶像剧走出来的情侣，自带光环，着实让人艳羡。不过细看会发现，两人之间的互动并不亲密，甚至略显生疏。

在咨询室里，我问简若："能谈谈你什么时候会胸口憋闷吗？"

简若不假思索地回复："不定时，不知道什么时候。"

我继续追问："那上一次发生的具体情况，你能够讲讲吗？"

简若说："上一次是在我男朋友的车上，当时我们吃完晚饭，他开车送我回家的路上。"

"当时你们在做什么呢？"

简若满脸疑惑地回答："在路上，他开着车，我在副驾驶位上坐着，听着歌。"

我追问道："什么歌呢？"

简若："一首叫作《找个好人就嫁了吧》的歌曲。"

"那首歌是你喜欢的吗？"

简若稍显落寞："不是，应该是我男朋友喜欢的吧，单曲循环播放那种喜欢。"

"这首歌让你有什么联想？"

简若沉思了会，尴尬地说："我心里挺难受的，觉得这首歌唱出了他的心声，是他对他前女友的心里话，有一种深情告白的味道。"

"想到这些确实不好受，你跟他分享过你的感受吗？"

她认真而凝重地说："没有，他又没做错什么，干吗要说呢？"

我总结说道："所以你的身体替你说话了呀。"

就这样，简若开启了她的故事之旅。主题大多是关于爱情，主角是她与男友。两人经人介绍认识，男友最吸引她的地方是幽默风趣和外表帅气。第一次见面，她就对他产生了好感，相处下来也还不错，随即两人就确定关系。如今见过了双方家长，已经在商量结婚。但简若原本就有偏头痛的毛病，最近又多了胸口憋闷的情况。

我回忆起与简若男友见面的第一印象，差不多称得上是仪表不凡，但幽默不足，还稍显冷峻。这一点似乎与简若的讲述不同，引起了我的注意。

在咨访关系变得稳定时，我便开启了冲突反馈[①]的环节，

[①] 每一位来访者的困难往往都是冲突所致，但是在咨询关系没有稳定之前，咨询的首要任务是理解来访者的感情困惑，从而在情感上支持来访者。咨询关系稳定之后，咨询师的任务便是与来访者共同探索来访者的冲突与困难，并且帮助来访者理解这些困难的来源，以及深藏心底的未解之谜。这个工作环节便是冲突反馈的环节。

以促进来访者自我反思、觉察内在冲突,修通冲突的情感。

我问简若:"我记得你讲过男朋友最吸引你的是他的幽默。但是我见到他跟你在一起时略显生疏,还有点'高冷范儿',你愿意讲讲吗?"

简若越说,声音便越低沉:"确实如此,他只是偶尔幽默,我也不知道为什么。我们总感觉没有那么亲近,但刚开始谈恋爱时还挺好的。"

我反馈了情感:"这种感觉让你失望吗?"

简若叹气:"有点。"

这种失望,让简若回顾了童年和母亲的关系,后来的咨询中,我们也不断回溯过去。

"在我的记忆中,妈妈总是很忙碌,我不记得她的脸上出现过笑容。早晨我醒来,她已经上班走了,晚上我都睡了她也未必能够回来。那时我大概是三四岁的样子,记忆里都是自己在寻找妈妈。我就像是个小丑,我想和妈妈在一起的愿望,似乎从来没有被人看到。那时我觉得十分尴尬,觉得自己这样的需求似乎是不应该的,应该被拒绝,甚至有这样的想法都很羞耻……原来我是如此地需要她,原来我是如此耻于我有需要她的愿望,原来没有她的我是如此脆弱。"

这时她才发现,自己一直在压抑情感上的脆弱。小时候她不敢表达对母亲的需要,长大了又不敢表达对男友的需要。她觉得，需要就意味着脆弱，而脆弱就意味着不被爱。但是被压抑的脆弱并不会消失，而是在身体里持续累积，寻找另外的发泄口。简若以前的偏头痛，以及现在的胸闷等，很有可能就是脆弱积压后的爆发。

简若的表达能力很强，几次咨询后，故事似乎讲尽，但疼痛犹存。简若是一个很好的来访者，我们的关系也很和谐，但我却觉得自己仍无法触及简若的真实内核。她似乎戴着假面，与我相距甚远。于是，我向她表达了我的疑惑。

沉默许久后，简若开口："我还联想到了一个反复出现的梦，一个从小做到大的梦，很奇怪吧。也没什么，就是一条路而已，一条很黑、很窄的路。好像是去我姥姥家的路。"

"在那条路上发生过什么特别的事情吗？"

"没有呀！"

简若的这个回答很简单轻松，接下来，我们便进入了梦的联想[①]。

我清晰地记得，简若联想到了一件她根本就记不起来的事情，她讲起这个故事时，仿佛这不是发生在自己身上的——

一个三岁的小女孩，在夏日的午后，一觉醒来发现玩伴都

[①] 梦是动力学心理咨询工作中的重要素材，梦中隐含着大量来访者无法言说的内心冲突，理解梦的工作往往用到自由联想。由咨询师引导来访者进入梦的联想工作中，启发来访者根据自己的联想发掘自己的潜意识想法。

不见了，于是她独自一个人跑出院子去找他们。就在那条路上，空无一人，但走到巷口时，她碰到了一个人。她不知道发生了什么，只记得自己被对方按压在石子堆上，口中被塞满了石子，还有一把匕首架在她的脖子上，衣服裤子都被扯破……

那条路便是回姥姥家的路，那个小女孩就是简若。此时的简若，用微笑的礼貌表情讲述着这样一件让她痛苦的事情。

我严肃而略显哀伤地说："你讲述这件事情时如此轻松，可我却十分心疼当时的那个小女孩。"

那一刻，一向庄重、自持、大方的简若瞬间失声痛哭，哭得像个3岁的孩子。整个咨询室都是哀伤的气氛，无力感充斥着咨询室的每个角落。

接下来的咨询中，我们探讨了这件事情对简若的影响。她用解离[①]、遗忘的方式，将那段可怕的记忆、那个脆弱的小女孩分离体外，假装自己没有经历过。长大后，她将自己训练得外表优秀、处事严谨，但却难掩心中恐惧的本质。同时，她感到内疚，认为这一切是自己不听话造成的，甚至内心自卑地认

---

① 根据精神动力学视角，人倾向于用不同的防御方式将不愉快的感觉排除到大脑意识之外，这个过程叫作防御机制，而解离就是其中之一。布莱克曼的《心灵的面具：101种心理防御》（华东师范大学出版社，2011年）一书中，将解离定义为你忘记了你自己的完整面貌；你让某个人来定义你，然后驳回他／她的想法。或许这个概念让大家很难懂，但这样的例子在生活中比比皆是。比如说双重人格、多重人格等，便是在某一时刻将属于自己的人格一部分离到身体之外。

为靠近别人会让人发现自己的不好。所以她待人疏离，包括对待男友。

那段时间与简若的咨询，总是唤起我作为母亲想要保护孩子的欲望，我们一起体验着巨大的无力感，也一起见证了从无力中生出的坚韧。

我对她说："虽然你经历了这些，可是在你出现危险时，偶然从你们身边经过的人与车把对方吓跑了，你是幸运的。更重要的是，现在的你已经不再是那个 3 岁的无力的小女孩，你已经长大了。你忘记了你已经拥有了保护自己的能力，也拥有了可以保护那个 3 岁女孩的能力，把她接回来，好吗？"

我和简若的工作总共进行了 30 次，持续了近一年的时间。也不知道从第几次开始，简若身体的隐痛完全消失了，简若也完全接纳了自己内心的脆弱。

这时她才发现，脆弱并不具备摧毁力，反而能让人有力地生活。如果说坚强像骨骼，让我们屹立不倒，那么脆弱就如同血肉，让我们鲜活丰富。

她告诉我："原来面对男友时，我总要表现出一副应该的样子，而现在，我只想展现自己真实的样子。"她越来越能够面对真实的自己，并且体会到亲密关系中真正的亲密感。

咨询结束时，简若感觉到释然，也多了几分成熟的惆怅，还调侃道:"少年不知愁滋味,大概是不想知道吧。"她的释然也不再是训练过的伪装,而是一种从真实的生活和体验中提炼的从容。

咨询后记

脆弱作为情感的一部分,本应该属于每一个人,只是每一个人脆弱的时刻不同。可在科技快速发展的今天,人们越来越忙碌,忙碌到无暇顾及脆弱的情感,甚至不敢让自己脆弱。人们就像上了弦的箭,一触即发。身体与精力上的双重压力如影随形,直至我们无力前进。那么,我们要如何正视脆弱呢?

首先,从意识层面改变对脆弱的认知。脆弱不是一个贬义的情感,它就像是一把双刃剑,正视脆弱、看见脆弱,便是成长的第一步。脆弱的负面影响是导致人无力前进,或者是贬低自己。正视脆弱,恰恰才是能够呈现力量的时刻。

其次,偶尔表达脆弱的行动。与脆弱相关的行动常常是求助、依赖等行为,但是这些行为经常会引起人们的担心——担心自己被拒绝。此时,我们可以在生活中尝试让自己表达脆弱,但是并不求助。久而久之,我们便会让自己能够表达依赖的需求，又不担心被拒绝，因为那时我们会慢慢体会到，依赖可以有，对方可以拒绝，也可以接纳。

　　脆弱往往与真实的自我相连，当我们能接纳自己的或别人的脆弱时，我们才是敞开的——对自我、对别人、对世界的真正敞开。这时，新的事物才有可能走进我们，与他人的真切连接才有可能发生。

忍耐也许是"下下策"

> 岩岩的治疗记录:
> 8岁小男孩,上课紧张,爱咬手指

2018年10月的一天,岩岩的妈妈带着岩岩来到我的咨询室。

岩岩是个8岁的小男孩,上小学三年级,看起来瘦小、腼腆。从上小学开始,岩岩一紧张就咬手指,但学习成绩还不错,在班里能排到前五名。

这一年9月开学,新的英语老师是个男老师,很严厉。如果学生在课上回答不出问题,就会被老师批评。虽然岩岩每次英语课回答问题都是正确的,而且老师从来没有批评过他,但是他还是很害怕英语老师,一上英语课就紧张,不停地咬手指,上课注意力不集中,有时甚至不愿去上学。9月底的英语考试,他的成绩下滑明显。妈妈很着急,于是带孩子来到我的咨询室。

经过了解得知，岩岩是家中第二个孩子，性格比较敏感。岩岩的父母都50来岁了，相比其他同学的家长年龄要大一些，这一点让岩岩很介意，每次家长会都不愿让爸爸妈妈去学校。岩岩的爸爸脾气急，爱指责别人；妈妈脾气好，包容。他很怕爸爸，因为爸爸动不动就会批评他。

刚进入咨询室时，岩岩拽着妈妈的衣服，非常紧张。儿童的言语能力还未充分发展，不能像成年人一样自如地表达情绪。但表达情绪并不只有言语表达一种形式，非言语也是常见的重要表达方式。所以我选择和岩岩一起开展沙盘治疗①。

我带他走进沙盘室，给他讲解了沙盘制作的规则。岩岩看到玩具架上的玩具就眼前一亮，他的紧张被一扫而空，主动拿起玩具，一边思考，一边设计位置，完全沉浸其中。

结束后，我很好奇地看着岩岩制作的作品，问道："哇，好棒的作品，你可以给老师讲讲你的作品吗？"

岩岩很高兴，兴致勃勃地向我介绍他的作品："这是一名战士，他特别厉害，会武功，对面这个是坏人……"岩岩对整个作品进行了介绍，最后说，里边的战士玩具就是他自己，代表很强悍、很勇敢，也很有知识。岩岩眼里流露出喜悦，语气

---

① 箱子、沙子、玩具——在咨询师的陪伴下，来访者从玩具架上自由挑选玩具，在盛有细沙的特制箱子里进行箱庭制作（沙盘治疗），进而达到表达自我、释放压力的目的。

坚定，与一开始腼腆的形象判若两人。

我说："岩岩真棒，就像这名战士一样强悍、勇敢、有知识。你愿意给你的作品起个名字吗？"岩岩想了想，说："就叫'勇敢的战士'吧！"

"好的，这个名字很不错！那你完成这个作品之后有什么感受呢？可以告诉老师吗？"岩岩腼腆地笑了笑，说："觉得挺开心的。"

后来岩岩的妈妈告诉我，这次咨询之后，岩岩有了明显的变化——他不那么害怕英语老师了，回家还会跟妈妈说起英语课上的趣事。

也许岩岩正在成长，慢慢成为沙盘作品中那个"强悍、勇敢的战士"。之后的沙盘制作，有战士被坏人杀掉又起死回生的情节，有战士作为正义的领袖带领大家和邪恶作战并取得胜利的情节，也有战士随着巨轮出海历经艰难险阻得胜归来的情节……

几乎每一次沙盘的情节中，代表岩岩的战士都会遇到各种挑战。一开始，战士会害怕、想退缩，但是最终他都选择勇敢面对困难。每次做完沙盘，岩岩都很开心，很放松。

他面对生活中的种种委屈、畏惧、担忧，都在沙盘中表达了出来，并且得到了升华。

妈妈发现,岩岩咬手指的次数在慢慢减少,他的手指甲不像之前那么秃了。后来,我让岩岩的爸爸也一起来到咨询室,给他的爸爸妈妈做了一次简短的家庭健康教育。岩岩还说在家中不知道说错什么、做错什么就会被爸爸批评,这让他很恐惧,很害怕。有时候觉得自己没做错什么,也会招来父亲的指责。岩岩还说了一些在家被爸爸无端批评指责的具体情景和事件,一边说一边委屈地哭了起来。这时,爸爸拉着岩岩的手,抚摸着他的头,又拍了拍他的后背,说道:"爸爸错了,爸爸不知道自己竟然对你造成了这么大的影响,爸爸以后注意,以后不这样了……"咨询结束后,爸爸意识到自己的教育方式对孩子造成的负面影响,很自责,并愿意为孩子做出改变。

治疗结束后,爸爸抱了抱岩岩,岩岩脸上露出了开心的笑容。

最后一次沙盘治疗中,岩岩制作的作品名字是"开心快乐"。岩岩在制作过程中非常开心,还拿着玩具和我开玩笑。这一次没有战斗和挑战的情节了,而是一些漂亮的房子、开心的人、美丽的树,还有可爱的小动物,一片和谐。

6次沙盘治疗很快就结束了。妈妈说,最近这段时间岩岩在生活中也很开心,每天上学很积极,咬手指的情况减少,上课很专注,英语学习成绩也渐渐提高。而且最重要的是,他变得活泼了许多。

在沙盘治疗室玩沙子、摆玩具与小学生咬手指、注意力不集中,似乎是不相关的两件事,为什么前者对后者起到了治疗作用呢?

岩岩表现出来的问题是咬手指,注意力不集中,影响了上课效率,导致学习成绩下降。而岩岩的深层问题是堆积了大量的焦虑情绪,他害怕爸爸,害怕英语老师,没有安全感,上英语课时尤其焦虑,因此咬手指频繁,注意力不集中。

想要解决岩岩的行为问题,关键是要缓解他的情绪问题。在沙盘治疗中,岩岩的焦虑情绪通过一个"自然的""儿童式的""玩玩具的"过程得以表达,达到了身心放松的目的。

而沙盘治疗的本质,正是通过象征性的游戏,将来访者无意识的心理内容意识化,并整合到自我中,唤起来访者自我治愈的力量。正如精神病学家斯图尔特·布朗说："在所有的动物物种中，人类是最大的玩家。我们天生就会游戏，并通过游戏成长。"一个个看似无关的玩具组合在一起，成为来访者无意识心理的"代言人"。创造力、内在感觉、知觉、记忆被调动，压力、负面情绪、深层情感得到了释放，许多隐秘的创伤浮出水面。同时，在治疗过程中咨询师温暖地陪伴着岩岩，加强了他的安全感。

焦虑情绪缓解了，咬手指的问题自然随之好转，能够集中注意力听课，随之而来的是听课效率提高、成绩提升，岩岩也变得开心快乐起来了。

咨询后记

弗洛伊德曾说:"未被表达的情绪永远都不会消失,它们只是被活埋了,有朝一日会以更丑恶的方式爆发出来。"

小孩儿打针时难受得哭了,妈妈说:"没事,哭出来就好了。"工作中遇到了麻烦事,朋友说:"没事,一起出去吃饭聊聊天就好啦。"做噩梦了,家人说:"没事,梦都是反的,说出来就好了。"

"说出来"能达到的效果有:①宣泄情绪;②让别人理解自己;③让自己更加明白自己;④进行感情的再体验。"说出来"即是表达,表达即是治疗。

然而,并不是谁都能把坏情绪说出来。比如,文中提到的岩岩年龄还比较小,可能比较难述说自己的情绪;再比如,有的成年人被强大的负面情绪影响着,不愿说、不想说;等等。这时,我们可以借用非语言的表达方式"说出来"。在心理咨询室,我们可以参与沙盘治疗;

在日常生活中,我们可以参加正念练习。在正念练习中,我们以一种特殊的方式集中注意力,有意识地、不予评判地专注当下。修习正念,可以让我们将"更多无意识的心理运作过程"变得"有意识"化。

我们也可以进行绘画疗愈,通过绘画工具,将潜意识内压抑的感情与冲突呈现出来。在绘画过程中,我们也能释放和宣泄负面情绪,修复心灵创伤,填补内心世界的空白,获得满足感和成就感。

当然还有很多其他的疗法,比如运动治疗、音乐治疗、书法疗愈等,都是通过非语言的方式有效缓解我们的负面情绪。

摆脱抑郁症的动力

> 小花的治疗记录：
> 抑郁症，自我认同感低

从 2017 年到 2020 年，我陪小花走过了三个春秋。

这三年，小花有过无力，有过绝望，但是我始终相信她最终会找到出口，走出自己的路。在虚弱无力的背后，始终有一股强大的动力推着她自救。我想把小花的故事写出来，因为成千上万个像小花的人，也许正身处泥沼，但他们身上也有着强大的自救力量。这股力量需要被唤醒、被信任，这也是走出泥沼的唯一办法。

小花的"泥沼"叫抑郁症。2017 年，小花 27 岁，被诊断为抑郁症。当时的她自我评价非常低，得不到父母的认可和支持，找不到生活的意义。

小花生活在一个三线城市，在一家企业做前台。自从患上抑郁症，小花每天都感觉很疲惫，回到家只想躺着。如果能允许自己"躺平"也好，恰恰相反，生病的小花内心是拧巴的，会习惯性地"花式"鄙视自己。不管是工作还是社交，小花似乎不允许自己出任何岔子，发生任何问题都会将其归结为自己的原因，然后讨伐自己，好像"自己是个罪人一样"。这不是最令人担心的，最令人担心的是这些所谓的"问题"，在大部分人眼中只是每天都会出现的误差而已。比如，被领导敲打几句，跟同事合作不愉快，和对象拌个嘴……也就是说，抑郁症让小花格外敏感，把挑剔自己变成家常便饭。并且，一旦产生这种认知上的偏差，人就很难发现自己的优势和资源，想获得自我认可就更是难上加难了，体验到开心快乐几乎是不可能的。

　　要强的小花经常和以前的自己做对比，越比越不满意现在的自己。以前，小花十分注重身材管理，经常练瑜伽和舞蹈，生病后就再也没力气运动了，胖了近20斤。小花怕被对象嫌弃，总是试探性地询问："我是不是又丑又胖？你还喜欢我吗？"对象总是说："没问题啊，我照顾你就好。"小花患病期间，对象没有嫌弃她，还无微不至地照顾她，劝她辞职休息一段时间。

　　但是，抑郁症患者最不肯放过自己，小花也是如此。她很难心安理得地接受别人照顾，总觉得自己连累周围人，责怪自己为什么不快点好起来。每次接到母亲的电话，小花都不敢多说自己的病情，因为母亲会说："你看你不听我们的话，现在过成什么样子了？"

病情得不到理解，反而被埋怨和指责，这加深了小花的自责，她变得脆弱敏感。医生建议小花做心理咨询，于是小花找到了我。

由于身处不同城市，我们通过电话进行沟通。记得最开始的几次咨询，我们之间几乎难以展开任何话题，面对我的提问："这让你想起了什么？""这是一种什么样的感觉？"小花总是回答："不知道。"虽然内心有些着急，但是我告诉自己，她的防御是在传递一种信息——她还没有准备好探索。意识到这点后，我更稳定地陪着小花沉默，在她说"不知道"时耐心等待，告诉她不知道也没关系，总有一天，这些东西会自动浮出水面。

有一段时间，我们的咨询一直沉浸在这种无力感当中，就好像在迷宫里走了很久很久，始终找不到出口，那就干脆原地坐下休息休息，恢复一下体力，补充一些能量。这与人们无法接受现实又急于摆脱困境的心境是相同的。

几次咨询后，小花发现我是安全的。她开始信任我，说的话多了起来，咨询有了进展。

有一次说起原生家庭，小花说，家人做任何事情都要看父亲的脸色，不敢大声说话，甚至不敢在父亲面前表现开心的样子，她也从没有见过父亲真正开心的样子。

有一次，小花在家庭群里分享自己和对象出去玩的照片，父亲没有回复。小花渴望得到父亲的积极回应，却被母亲数落不懂事："你明知道你爸不喜欢这个对象，还往群里发照片，是不是故意让他生气？"自己的幸福不能和家人分享，对于小花来说是很残酷的。

我陪她一起讨论这些情绪感受，以及情绪的指向，并且提出一些问题启发她思考："我们开心是要经过父亲允许的吗？如果父母不开心，我们开心是不是很不孝？"

随着探索的深入，小花说道："如果抛开父母，我和对象挺开心的。我总是闷闷不乐是因为爸爸见不得我开心，我们全家都在讨好爸爸。"

领悟到这一点就像开启了一道闸门，小花发现，一直以来自己活得太小心翼翼：对象不高兴的时候，小花就觉得自己像个罪人；朋友借钱不还，小花因为怕得罪人，也不敢催；租房时，小花不敢讨价还价……

这些正是内心匮乏①的表征，而内心的匮乏感很大程度上来自原生家庭的道德绑架。父母对小花的不允许和不认可，强化了小花的自卑与不配得感。她的内心时常充斥恐惧和担心，害怕自己做错事，害怕别人不高兴，想要过更好的生活又觉得

---

① 内心匮乏指一个人没有发展出成熟的自我意识，内心没有根基，缺乏支撑感和安全感，因此容易受到外界影响，无法形成自己的主张，也难以坚持自我。

自己不配。

找到问题的根源后,小花释然了一些,她开始学着允许自己,并且有意识地区分哪些是自己内心的声音,哪些是父母的声音。我们每个人都带着原生家庭的烙印,尤其是小花,已经在自我否定中生活了近 30 年,很难为自己发声。

小花多次讲到,想不通为什么对象会喜欢自己。她觉得自己是对方的累赘,这种低自我价值感,不是靠夸赞就能提升的。因此,我们花时间讨论她所谓的"一无是处",我希望引导她看到,自己是值得被爱的。我让她回忆一些成就事件,但是她一直强调自己没有任何成就。

于是我说:"那你想听听我眼中的小花是什么样子吗?"

她默许了。

我说:"一个女孩 13 岁就离开家乡求学,在大多数孩子还需要被家长照顾的年纪,你已经开始独自打理自己的生活了。你能够意识到原生家庭是糟糕的,并且能主动拉开距离,寻求更多可能性,这本身就需要很大勇气。27 岁的你感到生活无望,在最艰难的时候,你没有放弃自己,而是主动寻求心理咨询的帮助。你有没有看到自己的生命力是多么坚韧?拥有勇气和坚韧的人,难道不值得被欣赏、被爱吗?"

我听到电话那头的小花在抽泣,她说:"我从没想过勇气、坚韧跟自己有什么关系,除了我对象和你,不会再有人这么肯定我了。"

我并没有反驳她,因为要让一个在原生家庭中从没被肯定过的孩子自信起来,言语赋能的力量是有限的。关键是不断用新经验代替旧经验,去证明她是可以的。也就是说,苍白的夸赞是无效的,甚至会起反作用,必须有意识地从交谈中捕捉到她被认可的经验,提炼出来,反馈给她——因为认知偏差会让她无意识地过滤掉自己的优势和积极资源,我们需要用事实培养她学会客观地看待自己。因此在之后的咨询中,小花只要谈到在工作中得到领导认可、同事支持,我都会强化和锚定[①]她是值得被欣赏的,要求她记住这样的经验。

但是,成长的道路从来不会一帆风顺,甚至会倒退。

有一段时间,小花又开始想要责怪自己。比如,她想学英语但总是不能坚持,想重拾跳舞的爱好可是体力不支……在咨询中,她经常问我:"我好累啊,不想去跳舞了,怎么办?""最近工作好累,回到家只想躺着,不想背单词了,可不可以?"

[①] 锚定本意指船只停靠在某处前,抛出船锚用以确定和固定停靠的位置。引申到心理学层面,"锚"指的是一个人做决策的参照物,包括人早年形成的固有观念、认知思维、评价体系等。心理咨询的目标之一是帮助来访者调整原来固有的认知偏差,重新定位并且巩固新的思维模式,形成一套新的基准。

我理解她说的"累"实际上是心理能量[①]不足，无法给予自己允许，需要把我当成理想中的父母来征求意见。

这时，我用类比来启发她思考："假设一个人中午没吃饭，下午还要去跑马拉松，是不是不现实呢？"她很快意识到，自己感到累，是内化父母[②]的声音又在苛求自己了，于是就能做出适当调整。

就这样，小花一点点地建立起了自信，人也积极开朗起来。

[①] 心理能量简称"心能"，是生命力的体现。人的心能充沛，就会表现得生机勃勃、热爱生活，有面对挫折的勇气；相反，心能不足就会表现得精神不振，没有足够精力应付生活，经常感到力不从心、精疲力竭。在日常生活中，工作、学习、人际关系等带来的各种压力都会造成心能的消耗，心理精神能量的过度消耗和透支，会导致各种心理障碍。

[②] 内化父母是一个精神分析领域词汇，指的是一个人在幼年时经历的养育方式会潜移默化地烙印在心里，复制成为对待自己的一套标准，人长大后的思考模式与行为举止都会自然而然地顺应这套标准。这套标准实际上来源于原生家庭，而不是自我天性。

第 2 章
那些被我们忽视的情绪密码

她开始主动看书学习，根据身体状况安排锻炼，不再强迫自己做什么，还能运用自己的成长经验帮助同事分析生活上遇到的难题。她在咨询中表达得越来越多，音量比原来大；在沟通中，我能感觉到她情绪的起伏，仅仅通过听筒就可以感受到她身上的活力。

有一天，她和我说："老师，虽然他（对象）很优秀，但是我觉得我也很棒，完全配得上他。不管以后能不能一直走下去，至少现在我俩都很好,我很享受。"

透过这句话,我看到了一个坚定有力、活在当下的小花。

回到原生家庭可以击溃好不容易建立起来的成长,所以每年春节回家之前,我们都会安排一次咨询,谈谈对回家的担心,以及如果担心的事情发生了要怎么应对,做好回家的心理建设。小花说:"我现在见到他(父亲)没有那么害怕了,他的不开心不是我造成的,我想坚持做自己认为对的事情,得不到他的支持我很伤心,但是只有我能对自己的生活负责。"

"相信自己"是一种难能可贵的力量,它本来就存在于每个人内心深处。当我们还在襁褓中,就拥有了操控妈妈给自己喂奶的全能感①,但因为每个家庭对孩子行为的容错率有高有低,造成了一些孩子成长得无所畏惧,而另一些孩子缩手缩脚。被教导凡事要听话、不允许犯错的孩子,慢慢封存了相信自己的力量,他们像小花一样不敢表达自己的主张,不敢坚持自己的选择,并伴有内疚感和负罪感。

相信自己的力量被封印后,我们会感到做任何事都有难度,总是害怕自己做不好、完不成、被嘲笑。但是你要知道,找不

---

① 全能感是一个精神分析领域词汇,一种夸大的无所不能的感觉,是婴儿在生命早期体验到的。精神分析学派认为,婴儿出生的头几个月里虽然很弱小,却可以用哭来操控母亲给自己喂奶、换尿布,以及料理好自己的一切,这会让婴儿产生一种"世界围着我转"的强大感觉。

到内心的力量只是暂时的,并不是无解的。

这也就是为什么当小花不再苛责自己的时候,她以为会越来越"丧",却发现自己反而变得有生命力了。

咨询后记

虽然抑郁症的外在表现很像是情绪问题,但抑郁症其实是一种因经历和环境诱发的生理疾病。医学检查报告显示,抑郁症患者的血清素水平不足,去甲肾上腺素分泌出现了问题,所以,抑郁症和感冒一样,需要吃药治疗。

药物治疗配合心理咨询,是应对这场"心灵感冒"的最佳组合。药物针对症状起效,咨询针对心理功能和社会功能起效。对于抑郁症患者来说,一些日常问题也会变得难以应付,进而出现社交回避、无法工作,甚至严重到无法料理自己生活的情况。而改善这些功能,是心理咨询可以工作的部分。因此,越早投入治疗,就能越早从抑郁症的泥沼中爬出来。

想要帮助抑郁症患者,我们先要知道如何识别抑郁症。在日常生活中,可以从以下6种表现来判断一个人是否有抑郁症倾向。

- ☐ 兴趣减退或丧失。
- ☐ 对前途悲观失望。
- ☐ 无助感，无能为力。
- ☐ 感到精神疲惫。
- ☐ 自我评价下降。
- ☐ 感到生活或生命本身没有意义。

仅满足2～3点，就应求助专业的心理治疗。另外，不论轻重如何，如果心情低落持续两周以上，尝试各种方法仍没有好转，并且感到难以应付日常的工作生活，也应及时求助专业的心理治疗。

接下来，如果我们得了抑郁症，在求助专业治疗的基础上，还能做些什么进行自救呢？

首先，要在心理上接纳自己的病情，对自己抱有同理心。我们需要意识到，自己生病了，生病与意志品质没有任何关系。在积极配合治疗的同时，我们要给予自己更多的时间和宽容。我们从小被教育要宽以待人、严于律己，但在生病这件事上，恰恰应该一视同仁。如果看到朋友病了，你一定愿意付出耐心和关心，不会嫌弃对方，那么，请你也如此对待自己吧。生病并不是一件让人觉得羞耻的事，生病是告诉你，你需要停下来调整步伐了。

然后，对自己进行积极关注。在日常生活中，多关注能够胜任的部分，盘点自己的优势和资源，觉察自己的兴趣点，而不是一直关注完不成的事情。这并不是逃避。盘点自我优势和资源，是纠正自我认知偏差、学习客观评价自己；觉察兴趣点，是找到缓解情绪和症状的基本方法。

另外，必要时求助信任的人，帮助自己渡过难关。在和抑郁症的较量中，个人的力量是有限的，如果能够从信任的人那里获得更多的支持和帮助，你会感到更有力量，更有希望。这样的支持系统可能来自家人、朋友、老师、同学、同事，也可能来自同质化群体（团体心理辅导小组等），还可能来自心理咨询师。请记住，在和抑郁症的较量中，你不是一个人在战斗，除了调动内部资源，你还可以调动这些外部资源来陪伴你，帮助你渡过难关。

最后，如果身边的亲人朋友得了抑郁症，我们又能做些什么帮助到他们呢？

首先，要接纳对方的状态。这并不容易，大部分人在得知亲人朋友得了抑郁症之后都不愿意相信和接受事实，而这种不接纳的情绪只会让患者更自责，感到自己是个累赘。因此，我们要鼓起勇气接纳对方已经生病的事实，并且鼓励对方积极寻求治疗，有条件的话可以陪同前往。

然后，做一个好的陪伴者和倾听者。当抑郁症患者告诉你他的病情，并愿意向你倾诉的时候，请抓住这个明显的求助信号，让自己成为他值得信任的一员，支持和陪伴他。在聊天过程中，只需要跟随他的节奏和主题，尽量理解和共情他，切忌灌输"正能量"，讲大道理。多听少说，放下评判，接纳和允许他目前的状态，就是高质量的陪伴了。

最后，请为他的每个微小的进步"点赞"。抑郁症患者的自我评价是很低的，作为身边亲近的人，我们需要有发现美好的眼睛，收集他身上各种积极的变化，并及时给予鼓励和赞赏。这会让他感到被认可，感到自己是有价值的。如果把抑郁症比喻成一条黑暗的隧道，那么你的每一个肯定就像一束光，一点点照亮这条隧道。

另外，关于抑郁症的症状及如何帮助抑郁症患者这部分，我在这里推荐两部纪录片。一部是中央电视台的6集科普纪录片《我们如何对抗抑郁》，另一部是美国公共电视网（PBS）纪录片《走出抑郁阴影》。

2020年以来，由于新冠肺炎疫情的影响，心理健康问题再次受到大众的高度重视。从国家相关政策的推出，到互联网上日益增加的专业科普文章，我们看到越来越多的人能够正确看待抑郁症，也有理由相信针对抑郁症患者的治疗和帮助将会更加精准，有更多渠道，更加便捷。

此刻，如果你自己或者身边的人正在经历"心灵感冒"，请不要忽略，也不要放弃，请保持希望和信任，求助心理咨询，启动被你忘记的内在力量。

一碰即碎的完美主义

> A女士的治疗记录：
> 完美主义者，30岁，未婚，独居，工作能力极强，自律

A女士是那种出现在任何场合都能成为焦点、让人印象深刻的女性。她30岁，未婚，独居，长得貌美，打扮精致，有体面的工作，工作能力极强。自律是她的信条，完美是她的标签。

她身边的人都觉得她有能力且可靠，但他们并不知道，甚至连她自己也不知道，在完美的表象下，她的暗面一直在滋长。

对待工作，她的"拼"让人生畏。大学毕业后，她就职于著名的会计师事务所。由她经手的项目从来都是超标完成，搞得同事向领导抱怨，如果客户都要求这种水准的报告，其他人以后怎么办。这种超标完成不是靠天赋，靠的是她近乎疯狂的拼命。她告诉我，就职之初，有一次为了赶制一个表格，她从

早上9点工作到凌晨3点，全程不吃东西，只喝水抽烟。她说："这种拼命是为了证明自己，是像一个乞丐一样跪在地上讨要。"

面对感情，她的"作"又让人心疼。她很早就知晓自己的魅力，初中时她就开始了爱情的游戏，不停更换男友并且习惯出轨。爱情游戏于她而言，就像狩猎，她要的是唤起对方的渴望。猎物一旦到手，她就会很快失去兴趣。她只享受每段关系的前三个月的兴奋，尤其是不断调动起对方渴求自己时的狩猎感。她要的不是性，而是掌控感、权力，或更准确地说，是一种原初完满的爱。她想结婚，但目前同时交往的两个男友都不适合结婚。她想放手又放不掉，担心自己的控制欲会毁了亲密关系，又担心不控制的话自己就会孤独终老。

同时，她总是因为很小的事情而情绪崩溃。比如搬家后早上通勤时间加长，导致她无法忍受到几乎要"原地爆炸"；有一次她在会议室里和我进行视频咨询，有同事推门而入，她才发现自己并没有成功预订会议室，不得不离开重新找一个房间。这时，她开始陷入惊慌不安，哭泣起来。和男友见面，对方迟到，她会生气到无法自控地痛哭。她也无法形容自己是怎么了，似乎这样的时候有一种不安全感袭来，让她无法忍受。

她清醒地知道，她最深的恐惧，就是自己不被人喜欢和不被爱。所以她必须保养面容，雕琢身形，让自己光鲜聪慧，侃侃而谈，兼备深度和广度。一定要让自己优秀，一定要撑住。

但是，即使她持续健身，规律作息，爱人文类书籍尤其是佛学，和崇拜的人深度交流，也仍然摆脱不了一种弥漫性的困惑与空乏："为什么我这么努力，我的内心似乎没有什么改变？我觉得自己一无是处。"

她的冲突不是来自外部的缺失，而是对内部的忽略。所以在咨询过程中，我让她不要再盯着外面完美的浮光掠影，而是向内聚焦，向内体验，向内建立完整。

她的脆弱有一种共性：一旦事情和自己所希望的不一样，一股强烈的不安和失控感就会冲垮她，好像整个世界都在与她作对。

我尝试安抚她："当事情不如意时，我们就是会委屈和想哭的。"她仍然忍住眼泪，不准自己哭出来，说："我还没有办法在你面前哭，就像我无法让自己喝醉酒，也没有办法在工作的地方拉屎。"

我说："当然，你需要一切都在掌控之中，需要保持完美的样子，这样可能会让自己感觉更安全。"

我又问她："小时候当你难过时，可以哭吗？"

她说："那样爸爸就会把我关在厕所里，里面很黑。他说：'哭完了再出来。'我就说：'爸爸，我不哭了。'"

当她还是无法触及自己的情绪时，我会告诉她这种时刻换作是我可能会有的情绪，从而向她示范：当体会到情绪没那么可怕时，我们就更可能感受和表达的情绪，而非关闭。

我说："我听了你说的这些，觉得很难过，更多是害怕，也许也有一点愤怒。我感到胸口很堵，觉得窒息。我好像也能看见一个小女孩不得不忍住大量的恐惧，无助而惊恐。"

她常常是下意识地行动的，她会立刻开启"如何做"的思维："我可以在生气时安抚自己，还能跟自己对话。但对悲伤的自己完全没办法。"

我问她："悲伤的身体感觉可能是怎样的？我们能不能在当下，和悲伤一起待一会。"

这样的对话反复出现，让她能够在安全的咨访关系中被陪伴和抱持，去耐受和体会悲伤，从而多了一次松动或改变无助的情绪体验和身体感受的经验。而这样的经历多次在咨询中发生，会一点点内化为她自己耐受情绪的能力。

这次咨询之后，她有了一些觉察。她告诉我，有时她好像能感受到身体里面的那个小女孩，她会主动想如何安抚她，想对她说："即便你是有缺点的，也是值得被爱的。"她在慢慢将咨询师给她的"安抚/抚慰"[①]的心理功能内化成自己的。

一直以来，令她情绪失控的原因正是她从小不被允许表达

---

① 自体心理学创始人科胡特认为，双亲或抚养者作为理想化的自体客体，包括两个不同的相关的功能。一是给痛苦的孩子提供平静、安抚的功能；二是作为理想人物，给年幼孩子提供安全感和在这个世界上受保护的感觉。

不安、惊恐和挫败感。这些感受如洪水般未被处理，可能来自爸爸每一次剥夺性的、侵略性的养育结果，也可能来自母亲每一次的缺席或不可靠的安抚。

精神分析大师比昂说，婴儿需要一个"会思考的乳房"一般的母亲。科胡特认为，三岁前，父母要帮孩子装置上"焦虑—缓和""延迟—忍受"的中和结构。这也是我为她做的事情：提供涵容的环境，让她感觉到"我可以脆弱，可以哭，这没什么不好"，让那些碎片的体验归位，增强心的弹性和力度。

在咨询进行到第三个月，她先后和两个男友分手。我想，也许一方面是咨询让她得到了一些稳定感，另一方面也许是她仍在要求自己快速地做"正确的事情"。她把自己置于一种充满风险、无所依傍但也是进步的状态。

这是一个改变，同时也爆发出问题。她开始焦虑，频繁登录交友软件，想要寻找可靠的男性发展健康的关系。她说："我渴望任何一个人回应一下我，想要赶紧抓住一个人。"这样的时候，我会让她"停"一下，一起看看焦虑的横切面。

我问她："一定要抓住一个人，总想要和人联结，是一种什么感受？"

她停了很久，然后苦笑着仰天失神："那是一种——原来这个世界上，没有任何人把我放在最重要位置上的感觉。"

我瞬间感受到巨大的悲凉。无论她过去经历了什么，但在此刻，这就是她的主观真实。

她接着体会："我没有想到自己会有这样的领悟，但同时感觉到，这好像没有自己以为的那么痛苦。"

这一哀悼式的觉察，揭开了她心底深处创伤性的信念——重点不在于它的真实性，而在于它被看到了。一旦被看到，就有机会从创伤回到正常的发展性轨迹中，往前发展。一旦她触及内在"不被爱""被抛弃"的恐惧和脆弱，她离内在受创的小女孩就更近了。

虽然她时而还是受困于完美主义，但她也解放出了真正的活力去创造真实的生活，并在生活中练习耐受情绪起伏。

最近三个月，她买了房，开始装修。装修的过程也是她重建自我的大厦的过程，她获得了很多成就感。她养了一只猫，想让自己走出舒适区，有更多的体验。比如忍受宠物上蹿下跳，忍受难以控制的挫败感，耐受"动物不会无缘无故喜欢你"的焦虑。她尝试了很多办法和猫建立关系，她不仅在锻炼自己的交流互动，耐受情绪起伏，也在通过养猫来养育她自己。

她也建立了新的恋爱关系。她惊讶地发现，竟然有段关系可以不用折腾就让她感到安宁和放松。同时，她也遭遇了任何一段亲密关系都会有的不理想。她不知道能否结婚，但她发现自己不再被强烈的情绪掌控，能更真切地看到对面那个人，同时也能够和自己的体验保持贴近。

第2章
那些被我们忽视的情绪密码

　　我将她四散的自我碎片收拢，她的情绪得以安置，她在获得成就感和自尊心的同时，也体验到了爱与被爱，并深刻地期待与他人的关系具有类似的情感。这样，当她独自面对世界时，她就可以更信赖和依靠自己的心智能力。

咨询后记

　　心理学家马斯洛曾经说过：心若改变，你的态度跟着改变；态度改变，你的习惯跟着改变；习惯改变，你的性格跟着改变；性格改变，你的人生跟着改变。就像哲学家车尔尼雪夫斯基所说："既然太阳上也有黑点，人世间的事情就更不可能没有缺陷。"变得更优秀和完美主义倾向，不一定会让我们得到安全感、爱和被尊重，更多是为了避免体会无能感、挫败感带来的痛苦而做的注意力转移。

　　事实上，并非我们真的不好，而是我们"觉得"自己不好。我们把主观感受当成了现实。生而为人，就一定会有无能感和挫败感，没有人全能。对完美主义者而言，一丁点的瑕疵、错误，就会如影随形地指向自己的攻击性情绪。

　　比起变得更优秀，完美主义者更需要锻炼的是心智能力：

第2章
那些被我们忽视的情绪密码

当完美主义者陷入挫折后的情绪深渊时，首先，可以允许自己的一部分身心去体会自己处在怎样的情绪中，让我们清醒地体验和命名情绪，而不是像蒙了一层纸一般，溺于情绪的海里，也不是对情绪做隔离、压抑、否定。这样，挫败感、无能感等可怕的情绪会流动起来，自然地化解。如此，当你能和心中蛰伏的脆弱坦诚相见时，你就能解放那些被压抑的生命力。

其次，我们可以允许自己的一部分身心像第三只眼一样客观、平和地觉知自身，"刚才好像跑神了""我刚才不开心，是因为我在指责自己吗""我好像想要通过刷手机来转移注意力"。只是中性地觉察，不带有价值评判；只是觉察和接纳，不用做些什么。

接着，允许我们的一部分身心为自己赋能。比起深埋在心的"我不好，我得更好"的信念，可以尝试着体会"我挺好，我想要更好"。你会开始用自己的心灵去体会遇见的人和事，去构建自己的体验，而非父母剥夺、扭曲或强加给你的体验；你会有力量发出自己对生命的独特诉求，活出属于你的人生。

第二部分
咨询师的故事

第3章
咨询师的自我探索之路

知心、识心、修心

> 宇宙的一切都在你的体内，向内寻找答案吧！
>
> ——诗人　鲁米

我是一名心理动力学取向的心理咨询师，"被分析"（接受心理咨询）是我最基本的自我修养之一。在做个人分析之前，我不确定怎样才是对自己最好的。

很多人理解的对自己好，是停留在"买买买"等物质层面的好，但我想，对自己好不仅应该是物质层面的，更重要的是"明心见性，发展自己"的过程，并最终成为自己。只是，从前的我并不真正知道自己的心性①如何,又何谈发展它呢?

精神动力学中有一个术语——付诸行动,指的是当你遇到某类事情的时候,总是克制不住自己的情绪,会采取一些行动来缓解情绪,而行动过后往往会产生后悔的情绪。其实每个人都会有这样的时刻,荣格分析心理学称之为"情结"(complex),在没有进行个人分析之前,遇到某一类事情总会激发我强烈的情绪反应,而我却不自知。

通过个人分析和梦的工作,我能够越来越清晰地觉察到我的情结与阴影,越来越了解我的行为模式和身心状态。尽管认识自己的过程有时候并不如想象中那么美好,这个过程也并不能一蹴而就,但是在一次次的分析中,我的内心被"反复净化和稀释",越来越清澈和诚挚。正如坎贝尔的《英雄之旅》中所写的,认识自己是一场深入庞杂混沌的内心世界寻找宝藏的冒险之旅,是我们每个人终须完成的自我英雄之旅。原本漆黑一片甚至危险重重的"地下世界",只要我们敢于踏出这一步,不断往前走,随着认识加深,就能在黑暗中点亮一盏明灯,看清楚那个神奇而又丰富的世界,找到属于自己的宝藏。而在对

---

① 这里的心性指的其实是分析心理学中的自性。自性(self)是分析心理学中的重要概念,荣格认为自性是意识与无意识心灵的全部内容,而自我(ego)是意识的中心,但自我小于整体人格,存在局限和不完整,自性才是心灵的核心。这正如中国文化中所讲的"性",也是六祖慧能所讲的"一切万法,不离自性"。

第3章
咨询师的自我探索之路

自己有更深认识的基础上,改变也将随之发生。

2018年,我的导师申荷永教授为我介绍了几位国际荣格分析师,我从中选了一位,开启了我的"被分析"之路。我是盲选的分析师,通过邮件与分析师沟通各项事宜,很快便确定了我们第一次分析的时间,第一次分析时打开摄像头的那一刹那,我才惊觉:原来我的分析师是位慈祥的老太太啊!但我没有询问她的年龄。分析师敏感地觉察到我的紧张,她通过示范和引导让我逐渐放松下来。我在第一次分析前给她发送了一张画,我们就从那张画开始谈起(见下图)。

她对我说:"水一般都象征着无意识。这幅画画了面对着大海的人,似乎象征着作画者要开始面对自己的无意识了,但这无疑是令人恐慌和害怕的。在画中远远地还有两艘船,有些单薄也有些不知所措,需要航线和引导……"慢慢地,我的紧张情绪不见了,也逐渐打开心扉,充满好奇地想要感受这趟奇妙的旅程。

通过我个人被分析的经验,我发现这与我自己作为一名咨询师与来访者工作的状态是完全不一样的。因为这是一趟未知的旅程,面对无意识的、未知的自己,我们总是需要勇气的。这也让我想到,很多来访者需要莫大的勇气,才能走进心理咨询室。因此,咨询师要做好准备涵容这些情绪,为来访者创造一个自由、安全和受保护的"神圣空间"。中国人讲"水满则溢",如果自己内在的心理空间很小,就容不下那么多"无意识之水",遇到一点挫折,可能就难以承受;而通过认识自己,让自己"无意识"的部分更多地被"意识化",我们的整个内在心理空间就会逐渐变大,能够承受的自然也就更多了。正如《庄子》"庖丁解牛"的故事所讲,以"无厚入有间"。世间真正"无厚"的只有"心",我们应该善用一心扩大我们内在的生命空间。从前,我并不能真正理解"容器"这个词——为什么咨询师要有好的容器、足够大的容器?现在我才知道,因为只有自身容器大了,才能够兜得住来访者的情绪,才能在其中实现转化和超越。

每个人的一生都会遇到各种各样的困难,生活中的磨难是不可能被咨询师"消除"的,我们能做的只有转化。正如荣格分析心理学中经常讲到的"炼金术",在容器中实现转化,最后获得我们自己的"哲人石"。而"哲人石"可以说是一颗智慧之心。1944年,荣格在《心理学与炼金术》中讨论曼陀罗的象征时,引用了他所画的这幅曼陀罗(见下图)。完成这幅曼陀罗之后,荣格解释说:"这块如此美妙的石头肯定是一块哲人石,它比钻石坚硬。但它借助四种不同的品质扩展到空间中,四种品质分别是宽度、高度、深度和时间。"哲人石就是我们在生活的磨炼中炼化出的"钻石",它熠熠生辉。哲人石因此成为分析心理学的核心——自性(self)的象征。

荣格绘制的曼陀罗(1919年9月),载于荣格写于1914—1930年间的分析心理学专著《红书》

在与我的分析师工作到第三个月的时候,有一次她忘记了和我约好的咨询时间,之后几个月又发生过一次。这让我感到有些不解、困惑和愤怒。于是我问她:"你为什么忘记我们的咨询时间?是不是对我有什么情绪①?"分析师当即对我表达了歉意,并解释自己忘记的原因,说完她问我:"你知不知道我多少岁了?"我心想,还真不知道她的年纪,我没有听过她的课,也没有看过她写的书,似乎在刻意与她保持某种距离。我说:"我不知道你多少岁。"她说:"我今年74岁了,之前我生过一场病,这对我的大脑有一些损害,已经持续了很多年。最近我也在考虑慢慢减少临床工作,几年后就准备退休了。"

听到她这么说的时候,我的眼泪突然不受控制地往下掉。此前,我没有想到自己的反应会这么大,也是从那一刻起,我理解了自己对分析师的依恋。即便一直刻意与她保持距离,我在内心深处依然与她有着很深的连接,而且我非常担心会失掉这份连接。

分析师的坦诚和我的反应,都是一种真诚的暴露。而真诚是开启一段真正亲密关系的钥匙。来访者对咨询师的依赖以及担心失去咨询师、担心被咨询师抛弃,都是很常见的,因为失

---

① 我当时使用的词其实是countertransference,心理学中反移情的意思,为方便更多无心理学基础的读者理解,在此用情绪这个词替代,但这个词并不能完全解释反移情的内涵。

去与重要关系人的联结是每一个人无意识中最深的恐惧之一。对于来访者来说，关键不是消除这份恐惧，而是真诚地表达和接纳它。对于咨询师来说，真诚尤为重要。荣格曾说过："假如你是真诚的，在你的内心你已成功。"沙盘游戏创始人卡尔夫曾用"坎卦"比喻我们的"心病"，坎之卦辞："习坎，有孚，维心亨，行有尚。"尽管"坎"意味着"陷"，代表着危机重重，但其中的解药就在于"诚"，咨询师与来访者的"真诚"可以帮助人们穿越重重困难和陷阱，获得珍贵的内在财富。

在咨询的过程中，我跟分析师大多时候都是通过梦进行工作。我当时的职业方向是成为一名国际荣格分析师（IAAP），这类分析师最常用的方法就是梦和积极想象。可以说，梦是认识自己的路途上的导航仪，它会给我们的生活提供指引和线索。当我们自身的"容器"不够大时，就会把很多的情绪、感受压抑到潜意识中，通过梦的方式表达出来。当这种情绪、情感反复出现在梦中却不被我们发现时，身体可能就会出现一些症状来提醒我们。当症状持续恶化，或许就成了躯体性的疾病。在我的咨询经验中，不乏因躯体不适前来咨询的患者。梦的分析能够让潜意识意识化，让我们不断认识自己，帮助自身的"容器"变大。

就我的个人体验经历而言，我的梦通常是以"系列梦"的形式出现的，分析师会陪着我慢慢探索它们。比如，在我博士毕业前夕，我总是梦到与"迷路"相关的意象。那时我面临着很多看似不错的机会，但不知道该如何抉择。其中一个梦，我到现在还记忆深刻：

我带着几个人去看我以前工作的地方，那条路我本应很熟悉，但结果却越走越偏，最后竟然迷路了。我们问了路边的一个人，他说我们确实走错路了。于是我们找到一个人来当向导。他带着我们往前走。路上我看到很多美丽的景色，有山有水，有古代建筑，还有荷花池。最后我看到有家房子门前种了一棵梨树，上面有好多果子。我跟旁边的人说："你看那棵树上好多梨啊，又大又好看，应该很甜。"接着又走了几步路，我们看到了灯光和大路，终于找对路了。

这个梦中的山水元素提示我们，这可能与"蒙卦"有关，而蒙卦在某种程度是"启蒙"的意思。结合梦中的引路人意象，分析师与我进行了积极想象的工作，这位引路人是一位充满智慧的老人，也是在这位老人的引导下，我最终找到了"道"（road）——不仅仅是路，也是我们中国文化中的"道"。此外，路过的梨树与我儿时的成长环境有关，也是提醒我"不忘初心"。分析师的分析让我豁然开朗，原来我真正想去的方向是我曾经熟悉的地方。而那个引路人，就是我一直喜欢的庄子、孟子等智者先贤。于是，我放弃了很多看起来非常好的机会，选择继续在中国文化与心理疗愈之间探索，以心理动力学理论（包括荣格的集体无意识、阴影与人格面具、阿尼玛与阿尼姆斯、原型与原型意象等理论,以及申荷永的核心心理学理论等)为基础,在成为一名合格的心理咨询师的路上不断前进。不过,梦的分析往往是缓慢而艰难的过程,需要耐心"孵化",持续等待,静候谜底浮出。

在咨询室里,我也耐心地陪伴着来访者去深入他们的无意识,帮助他们认识自己。在这里,我想借用"求雨者"的故事说明这个过程,这是荣格每次讲到"积极想象"时必会讲的故事。

传说在中国古代的某个农村,居民遇到了严重干旱,于是派人从远处请来"求雨者"。"求雨者"到来之后,发现整个村子混乱不堪,牲畜濒临渴死,农作物枯萎。村子里的人也受到这种气氛的影响,个个浮躁不安。村民们围着他,急切地要看他如何求雨。但他说:"请在村头给我一间茅屋,还有三天的时间,任何人都不要打搅我。"就这样,"求雨者"进了他的小屋,而村民们等待着。等到第四天早晨,天果然开始下雨,"求雨者"从那茅屋走了出来。村民们不约而同地问他:"你是如何办到的呢?""哦,这很简单。"他说,"我什么也没有做。"村民们说:"你看啊,天已经下雨了。这怎么可能呢?"于是"求雨者"解释道:"我本来已习惯于风调雨顺自然和谐的生活。当我来到你们的村子,却感到混乱与不安,这里的生活节奏已经失调,远离了自然之道。而我也受其影响,心神不定，失去了本来的和谐。这样的我又能做什么呢？于是，我需要一个安静的场所来调整身心，耐心等待，恢复与道的联系。而当我恢复了自然与和谐的时候，有了合乎自然的心境与状态，我们失去的雨也就回来了。"

"求雨者"选择在村口的位置，既不会离村民太近，受到他们的干扰（被无意识吞没），又不会太远，完全没有办法感受他们的心情。就如同咨询师在咨询中"如如不动、安住其心"，保持稳定和涵容，耐心等待来访者内心无意识的涌现，陪伴来访者回归自己的本心、本性，成为那个如意自在的自己。

"认识你自己。"这是希腊德尔菲神庙的一句箴言，也是著名思想家苏格拉底的座右铭。我也想用这句话来总结我持续接受心理分析的意义。更好地认识自己，意味着不断与自己的内心联结，勇敢地担起自己的责任和使命，发挥自己的潜力和才能。踏上成为你自己的道路，而不是成为"其他人"或者"其他人期待你成为的那个你"，这也意味着你能够与世界、与他人拥有一段自由且亲密的关系。既能守住自己的内心边界，也不会过多地期待和控制别人，而是如"鱼与水"的关系般和谐而美好。

我相信，每个人的心都是一个宇宙，阴阳造化，相克相生，深藏奥秘，无有穷尽。世界上最可怕的从来都不是灾难与疾病，而是我们的心乱了。真诚之心能够带领我们跨越现实中的苦难。

很多时候，并不是我们的现实生活发生了改变，而是我们心灵深处发生了"沧海桑田"的变化。只要人的心变化了，那么整个世界就改变了。

咨询后记

心理咨询是帮助我们修心的过程。这段旅程也是我们中国人常讲的"修身、齐家、治国、平天下"的过程，也是荣格所说的自性化过程。于我个人而言，这样的旅程具有极其深远的意义。一方面，心理分析让我的生活幸福感更高。我想这点是非常重要的，如果咨询师自己都不幸福，自己都不知道生命的价值感、意义感何在，又能陪伴来访者走向何方呢？另一方面，当然也是基于对来访者负责的态度。作为一名精神动力学的咨询师，我深知无意识的"诱惑与危险"，如果自己从未被分析，咨询工作就是带着来访者在无意识的海洋"裸泳"，对咨询师和来访者双方而言，都是极其危险且不负责任的做法。回首近十年的咨询师生涯，我发现在咨询场景中，咨询师人格的完善能够给予来访者很大的抱持，可以说，咨询中最能发挥疗愈作用的就是咨询师本人的人格力量。而获得这种力量需要持之以恒的努力，因为这份职业对个人的综合素质要求极高，不仅需要情感与思维功能、直觉与感觉功能的平衡，同时还需要敏锐的觉察能力、丰富的临床实践、扎实的理论基础和灵活的技术运用。这些都需要耐"心"沉淀和等待。

心理咨询能够帮助我们了解自己的内在无意识，理顺自己的"心"，理解自己与父母、夫妻、同事等之间的关系。理顺这些关系的同时，我们也安顿了自己的内在心灵。或许只有当一个人开始认识并接纳自己的情绪、行为、反应及关系模式时，内心世界的真正意义才会变得更清晰。

通过心理咨询，我们能看到真实的自己和真实的他人，逐渐接纳自己的"不完美"，接纳生活中的"好与不好"，也有能力把"爱恨情仇"都装载在一段关系里。在爱的时候懂得如何表达爱，恨的时候懂得如何表达恨，在关系中获得"随心所欲而不逾矩"的安全感。

正如坎贝尔所说："在你不敢进入的洞穴里埋藏着珍宝。"想一想，你的考验、你的危机是什么？你取得过怎样的宝物？也许你不敢当众演讲，也许你害怕亲密关系，也许你不敢违抗长辈的意愿，或者也许你正在经历困惑、痛苦、彷徨……希望你也能勇敢开启认识自己的旅程，彼时，你不仅会走出现在的困局，还能找到属于你的宝藏。

探索内在的自我感受

> 人的任务，就是意识到从潜意识中努力向上涌出来的内容。
>
> ——心理学家　荣格

医学背景出身的我，13年前开始对心理学产生浓厚兴趣。这一路，我从一个无助的求助者变成了一名成熟的心理咨询师。如果问我经历了什么，我会说："我不断地意识到了我潜意识里的秘密，并且和我的咨询师一起探讨和体验情感状态。通过这些体验，我发生了奇迹般的变化。"

对潜意识的无知，曾经让我的人生充满了无力感。在我的人生经历中，曾经有很多让我迷惑的事情，它们就像一扇牢固的门，我怎么都推不开，这让我对生活和自己都充满了深深的无力感。

第3章
咨询师的自我探索之路

我印象最深的是,我的恋情总是来得不知不觉,去得无影无踪。我不知道为什么会这样,也不知该怎么办。大学期间,周围的人好像都在忙着约会,在这种气氛熏陶下,我也交往了第一任男朋友。恋爱前,我觉得这种感觉很新鲜,他经常给我发消息到半夜,我每次也会礼貌地回应他。当他提出要做男女朋友的时候,我答应了。但是真的进入关系后,我们的交流反而越来越少,关系也渐行渐远。

从小到大的教育都告诉我女孩应该矜持,朋友们也和我说男生应该主动,所以我不问、不表达,用矜持去应对男友。这段感情本来就像笼着一层薄雾,我的矜持让这层雾越来越厚,我越来越不理解他为什么这样对我,我看不清这段关系,甚至看不清自己。

记得有一次,我忍无可忍打电话攻击、嘲讽他,他却不以为意。挂了电话的那一刻,我愣了好久才缓过神来:"天哪,怎么会这样?他不是上周还说很喜欢我吗?"隔了两天,他联系我,我回复得很冷淡,不知道要说什么。最终,这段关系就像雾一样,我还没有来得及好好触碰,它就散了。我感到很迷惘,也很无力。

无力感有时会蔓延到生活的其他方面。记得有一次,我和同学去山里漂流,坐车4个小时到了地方,才发现当天不能漂流。而工作人员说,必须要回到出发点才能退票,这也就意味着我们花费 8 小时在路上,却一无所获。面对这样的结果,我的第一反应是蒙了,既无助又委屈,不知道怎么办,只能默默承受。

迷茫中,我看见身边的小伙伴开始不停地打电话,一顿"神操作"后,景区工作人员居然答应让我们漂流了。

这些事情开始让我反思:为什么面对不了解的情况,我的反应总是迷惑和无力?

我感到好像哪里出了些问题,但是说不清楚。经过一番自学,我大概知道了自己可能是回避型依恋人格[①]。但我第二次谈恋爱的时候,仍然在重复第一次的模式。我很困惑,为什么我这么努力地自我克服,甚至学习各种心理技巧,结果还是如此糟糕?这时的我急需寻找一个出口。因为本身的专业,我也接触过心理教育,于是打算借用心理咨询帮助自己。

我寻找了一位精神分析取向的咨询师,开始了每周一次的心理咨询。精神分析学派认为,个体的行为和早年经历有千丝万缕的联系,早年的际遇影响着我们的一生。所以精神分析会研究人的防御方式、移情反应、核心冲突等,它也认为来访者会将早年模式带到和咨询师的关系中,所以咨询师会用抱持和探索等方式和来访者工作,最终让来访者重塑自我。

---

① 回避型依恋人格是不安全依恋的一种,当和恋人建立亲密关系后,常常出现疏远、讨厌等负面情绪反应。参见,[美]罗兰·米勒,丹尼尔·珀尔曼《亲密关系》,北京:人民邮电出版社,2011 年版。

我的咨询师是一位30岁出头的女性，第一眼看上去就给人知性、温和又不失力量的感觉。在咨询初期，我很着急，很想快速解决现实问题。我谈论男友，谈论家人，却很少谈论自己的感受。直到第六次咨询时，咨询师忽然问道："你这么长时间以来，好像谈论别人的事情比较多，我们谈谈你好吗？"

我突然被点醒，沉默了一下，回应道："好吧。"

咨询师又说道："你和你的男朋友在一起，是什么感觉呢？"

我又想了一下说："好像没什么感觉。"

咨询师很温和地笑了笑说："也就是说，你们不是因为有恋爱的感觉才在一起的，是这样吗？"

我忽然有了一种醍醐灌顶的感觉：是呀，我明明其实没有多少恋爱的感觉，就进入了恋爱关系。

经过后续的探索，我慢慢发现，我对自己的感觉似乎根本没有好好体会过。这是由于早年父母的严苛教育及家庭氛围导致的。我从小被教育不能随便表达情绪，不能哭闹，要做个乖孩子，不给家长添麻烦……这些让我不知道怎样感受自我的情绪。当我无法感知自我的需要时，也就无法感知别人的需要，不懂得拒绝别人。

于是，当对方提出恋爱要求时我就同意了。但因为我没有恋爱感觉，所以无法和男友正常进行恋爱互动；当对方疏远我的时候，我又会有被抛弃感、挫败感，觉得自己不被爱了。但我无法向对方说出我的感受，于是只能启用我最原始的防御机制——攻击。

随着咨询进展，我终于看到了那个内在小孩，它是多么渴望被关注、被爱呀，它又是多么无助，我好想去拥抱它。当我拥抱它的时候，我感到一阵暖流涌上心头。

咨询师在我的整个咨询过程中都是抱持的态度。她帮助我探索自己，没有批判、评论，更没有把她自己的观点强加在我身上。这一阶段的咨询结束以后，我发现我真的改变了。

以前我的生活状态是游离的，不知道自己到底需要什么、想要什么，而现在，我的状态是知道自己的需要并勇于争取。面对生活中的困难和冲突，我不再逃避，会更有效地和别人沟通。一次次的有效沟通带来的正面反馈，增强了我面对生活的信心，也改变了我原来的行为模式。对待爱情，我也更能够倾听自己的感觉。当我的感觉告诉我自己，这个才是我真的需要的人的时候，我才自主地进入恋爱关系。

当然，关系中也会遇到一些考验，但是大多时候我都能够不再重复以前的模式。记得有一次我和男友约会看电影，但他接到电话，说有事就先走了。虽然我在意识上能够理解他临时有事，但是心里总有些不舒服——我能够相对准确地感受到当时的失落和被忽视。在之后见面时，我能够与对方对此事进行交流讨论，不再像以前那样要么攻击，要么冷暴力。新的人生就这样一次次在这种细微的改变中构建出来，后来，我的恋情不仅没有无疾而终，而且走入了婚姻。

每个人都是活在关系中的，即便再孤僻的人也是如此。从出生起，我们就活在和养育者的关系中；长大了，我们有了同学关系、朋友关系、恋爱关系、家庭关系……我们都会从过去的经验中内摄[①]早年的关系模式，成年后再把这种模式向外投射出去。正如我在恋爱早期的状态，就呈现了原生家庭的模式，所以我很庆幸自己能够在那个时候就走进咨询室。也是因为觉察了这些模式，我才能够顺利地完成恋爱过程，进入婚姻的殿堂。我更庆幸自己没有把这种模式带到亲子关系当中，否则我可能也会是一个观察不到孩子情绪的严苛母亲。

在我身上之所以能够发生这些变化，有一个关键部分就是我得以体验自我的内在感受。这不是任何恋人都能做到的，只有成熟的、受过专业训练的心理咨询师，才能帮助我们做到这一点。

自此以后，随着自我对情绪的感知力不断提升，我慢慢走上了心理咨询师的职业路线，并深深地爱上了这个天使般的事

[①] 内摄是将外部的信息归为内部的心理过程，个体从另一个个体身上吸收一种感受、想法以及部分的无意识心理过程，其意义在于把客体或客体的一部分包含为主体的自我，是一种原始的防御机制。参考［美］吉尔·沙夫，《投射性认同与内摄性认同》，北京：中国轻工业出版社，2011年版。

业。我要将自我蜕变之后的能量传递给来访者，影响更多的曾经和我一样迷茫的人。随着我心理咨询个案经历的不断累积，在与来访者互动的过程中，我能够越来越敏锐地觉察到来访者的情绪变化，并适当地和来访者共情，加深来访者对自我情绪的认识和理解，让他们感受到被接纳和支持的力量，从而越来越能够接纳自我。与此同时，我也能够觉察到来访者带给我的感觉，并运用我所觉察到的感觉和发生在来访者身上的现象，谨慎、适当地给予来访者反馈，与来访者共同探索那些未知的、却影响着我们的情绪和行为模式，让他们觉察到那些对人际关系造成各种困扰的因素，然后通过调整自我，获得与他人之间相对舒适的关系。这也是精神动力学中常提到的运用"移情"与"反移情"和来访者互动，对来访者产生正面影响。

咨询后记

如果说心理咨询师是一面镜子，映照我们的情绪和感受，那么心理咨询就是我们照镜子的过程，在这个过程中，我们可以充分感受和遇见未知的自己。

如果说心理咨询师是一个疏导者，那心理咨询是一个被疏导的过程，是潜意识的大门慢慢被推开的过程。推开潜意识的大门也许会让你觉得紧张不安、焦虑，在这个过程中，你要相信咨询师会帮你处理这些情绪。

如果说心理咨询师是一个好父亲或是好母亲，涵容我们的负面情绪感受，无条件地接纳它们，那么心理咨询的过程就是完成自我接纳的过程。

如果说心理咨询师是私人导游，你和他可以商量旅途路线，在心理咨询的旅途中，你们可以共同探讨咨询目标，分享咨询中的感受。

总之，心理咨询是一个过程而非结果，咨询师要充分了解来访者的信息，才能够高效地共情同理，给予支持并实施干预。心理咨询同时也是一种关系，一种人与人之间的合作关系。通过和心理咨询师之间的互动，你将发展出新的、更具有社会适应性的功能。

希望更多的人也能和我一样，尽早实现蜕变，尽早发现充满潜能的自己。

学会与自己和解

接触心理咨询后,我才明白,在 30 岁之前,绝大多数时间看起来积极、活泼的我,其实麻木和孤独早已深入内心,就像一块没有温度的顽石。

直到今天,我还清晰地记得初学萨提亚治疗模式摆放家庭雕塑①的情景。有同学摆放的场景是高高在上的爸爸、跪地讨好的妈妈、委屈流泪的自己;也有同学摆放的是父母相互指责、自己站在妈妈身旁的场面;而我摆出的却是:爸爸背对着妈妈和我,妈妈背对着爸爸和我,而我也背对着父母,蹲在地上独自玩耍,彼此距离足够远,谁也看不到谁,就连说话也只能听到一丝余音。如果空间足够大、足够广,或许我们仨都不在同

---

① 家庭雕塑(family sculping)是一种重要的家庭治疗技术,类似雕塑艺术,利用空间、姿态、距离和造型等方式,来重现家庭成员之间的互动关系。

一个星球上。

　　这时，我以旁观者的视角站在这个画面之外，看到幼小的自己承受的这种深入骨髓的孤独，内心波涛汹涌，感到无比悲伤凄凉，还有一些疼惜。

　　我的父亲早早去世，留下懵懂的母亲、未成年的孩子、年迈多病的爷爷，以及巨额的债务。母亲忙里忙外，为家人如何活下来而操劳。看着疲惫的母亲和永远干不完的农活儿，我不得不变得格外懂事。

　　10岁时，小学要交学费，我只能自己走去姑父家借钱，因为母亲忙。初中时，我在学校和同学发生冲突，只能自己扛，因为不想母亲更劳累。初中毕业时，我的户口本名字和学籍登记的名字不一致，无法报名中考。但那时恰好是收麦的繁忙季，我只能自己解决这件事。我去另一个村找舅舅，帮他收了半天麦子，求他去派出所帮我改名字，才顺利参加了中考。

　　直到长大后的许多年里，我都认为"自己把自己养大"是我骄傲的资本。我深知，人只能靠自己，不要麻烦别人。与此同时，我还要表现出"一切都挺好"，不仅不把烦恼告诉家人，也不告诉任何同学与朋友。不是我不愿意诉说痛苦，而是我压根就不敢去触碰痛苦。因为我也和母亲一样，需要先活下来，这比一切都重要。我以为，碰触那些情绪，除了让内心崩塌，不会对现实有丝毫帮助。

第3章
咨询师的自我探索之路

直到大学毕业,我依旧习惯性地懂事。许多同学去了一线城市,而我留在离家乡最近的省会城市,因为我觉得母亲辛苦,不能够在她年迈需要我的时候,唯一的儿子却不在身边。多年之后,我在城市安了家,也已结婚生子,工作和收入还算稳定,但是这些通过坚韧努力获得的成就,我却难以享受。

家人做好饺子,我吃了一半时,家人问我饺子味道如何。我认真地回答说:"让我再吃一个尝尝味道。"已经吃下的饺子只是充饥用的,我并没有花时间品味。外面四季轮回,但在我的内心似乎一直都是一成不变的冬季,灰蒙蒙的。

外在的我,依旧是能够承担工作职责的小领导,可以和同事玩闹嬉戏的小伙伴,可以与朋友喝酒唱歌的小活宝……但内在的我,为一切焦虑,又觉得一切都无意义。我似乎很少体验活着的美好滋味,直到遇见我的第一位心理咨询师。

我不知道起初的咨询中我具体讲了什么,但记得我问咨询师:"我好像一直都很焦虑,匆忙吃饭,匆忙赶路,不停学习,一旦停下来,就不知道如何自处。这样的我很累,生活也觉得没有滋味。"

咨询师温和地看着我,用探索性的问句好奇地询问我:"如果你不忙碌、不焦虑,那你存在的价值和意义会是什么呢?"

我陷入深思。这么多年来,我一直坚韧、独立、果敢、隐忍,像一头永远在奋力耕田的牛。如果我不再忙碌,停下来休息了,我会怎么样?我沉默了许久。

咨询师又问我:"你竭尽全力地创造了这些平静与稳定,现在可以享受它们吗?"

很奇怪,在那一瞬间,我的喉咙哽咽,眼眶湿润,疲惫僵硬的身躯一下子更紧了。

咨询师看到我的反应后,转头正视着我的眼睛,邀请我和他一起做深呼吸,带我尝试放松身体,并告诉我:"目前的环境是安全的,你也长大了,是可以放松的。"

我第一次知道,原来我是可以放松的。我放松了,身边的人也不会出事,世界不会崩塌。这次咨询后,我感觉包裹在身体之外的盔甲像被划开了一道口子,流出了名为"委屈"的鲜血,流入了新鲜空气,我的灵魂自由地呼吸新鲜空气。

在之后的咨询中,咨询师使用叙事疗法①,带我深切看到了"自强自立"故事的另一面——10岁就去借钱的我,心情忐忑,

---

① 叙事疗法是受到广泛关注的后现代心理治疗方式,它摆脱了传统上将人看作问题的治疗观念,通过"故事叙说""问题外化""由薄到厚"等方法,使人变得更自主、更有动力。

不知道能否借到,甚至不知道对方家里有没有人,在敲门前身体紧绷,讲话羞涩怯懦;初中时周末独自一人回家的我,内心充满孤独与寂寞。这时我才明白,过早独立的自己,其实内心承受了太多的委屈,隐忍了沉重的情绪压力。但同时,我也看到因为改名而去舅舅家求助的自己,内心虽然忐忑,却也是在力所能及的范围内寻求外力帮助;看到我为了不给妈妈增添麻烦,独自承担的坚强与勇敢;还看到了一直以来为我的学习、生活提供支持的朋友和亲戚……

这些看到,让我的身体逐渐变得柔软,我在承认自己的勇敢坚韧的同时,也看到了自己内在的脆弱与艰辛,第一次真正理解了童年——我的童年一点都不容易,但我挺过来了,我很感激自己挺过来了。

就这样,我的咨询持续了一年左右。某次咨询结束后,我踩着单车回家,途经一条市区的河流,那一瞬间,我的皮肤感觉到周围的温度下降了,湿度也增加了,我深深地吸了口气:我活过来了,我的心和身体都活过来了。

在之后的咨询过程中,当遇到类似的来访者时,因为有相似的经历,我也能更好地共情和理解对方。在互动的过程中,也能够保持耐心。因为我明白,来访者的紧绷与忙碌,只是为了缓解内心的不安与焦虑,也深信在焦虑背后,是不停努力的拼搏和坚忍不拔的毅力。我的这份信任与赞赏,可以在内心深处给予对方赞赏与联结。每个生命都带着过往生命中练就的"生存策略",以帮助自己活得更好。当现实中这些"生存策略"已经影响生活状态,就会限制当下对生命的体验,导致人错失许多美好的时刻。看懂"生存策略"的来源与意义,带着对过往的自己的感恩与欣赏,就可以逐步地调整策略,更加适应今天的生活。

我依旧是那个负责、独立,在力所能及的范围内照顾家人的人,但不同的是,我也增添了爱自己的能力。曾经,我总是耐心倾听别人的心事,但后来我也开始暴露自己的脆弱,在内心层面和别人有了更深层的联结感。我终于与自己和解了。

咨询后记

　　对待我这样一个"焦虑且坚强"的来访者，咨询师总是温和且耐心。在我着急的时候，他不急不躁；在我防御的时候，他安静地等着；直到我在咨询关系中感觉到安全，可以表达自己的情感时，他才会轻轻地推我一下，让我表达与呈现。稳定、安全的咨询关系，是我能够一点点卸下防备的重要基础。

　　同时，咨询师也有更广、更深的视角。我呈现的自己是独立、果断、坚韧的，但他总能够看到面对磨难的过程中，那个人是怎样的，在想些什么，有哪些情感，怎么面对压力。

　　心理咨询是生命陪伴生命、生命影响生命的缓慢过程。带着好奇进行自我探索，是咨询工作之外我们需要常常练习的功课。来访者在咨询过程中，可能会从最开始的"不信任咨询师是否能够提供帮助"到"质疑咨询师对我的分析"，或者在过程中感到沮丧、挫败，甚至急切地想要咨询师直接给自己一些意见，但是，耐心仍然是咨访关系的重要组成部分。

当我们愿意开始自我探索，开启自我改变的历程时，有一个人陪着，不仅仅是多了专业支持，更多的是在与咨询师的互动中获得一种全新的体验，并让这种体验逐渐深入与自己互动、与他人沟通的过程中。

找回缺失的安全感

> 生命的过程在于完整,而不是完美。
>
> ——卡尔·罗杰斯《个人形成论》

在从事心理咨询工作 12 年、自我探索近 20 年之后,我对这句话深有体会。

我的人生历程里,曾经充满漫长的灰暗时光。这种灰暗是由弥漫性的忧伤组成的。翻开原来的日记,我发现曾经的我内核很不稳定,情绪总是起伏。像是一棵树,虽然屹立在人世间,但根扎得不深,一有狂风暴雨侵袭就摇摆不定,很难生出内心的平静。

我曾经极度缺乏安全感。在亲密关系中患得患失,既希望得到,又害怕失去;渴望和对方融合,因此过度付出和讨好;总是想要一次次去试探对方……这些问题让我疲惫不堪,无法享受关系。比如说，和朋友相处，我不敢完全做自己，会不自觉压抑一些强烈的情绪情感，比如愤怒、失望；我也很害怕麻烦别人，很难表达自己的需求；和爱人相处，我能够提自己的需求和要求，但是当对方没有回应或者没有按照我想要的方式回应时，我就会暴怒，恨不得结束这段婚姻。

带着这些困惑，我看了很多心理学书籍，也上了很多的个人成长类工作坊的课程，同时参加精神分析的长程学习，希望可以借此独立地、一劳永逸地完成心理自助。逐渐地，我开始更理解自己，也知道了接纳自己和爱自己的重要性。然而我发现，知道怎么接纳自己，不代表就能真正做到这一点。当相同情景发生的时候，我依然会被相同的情绪控制，依然做出和原来一样的自动化反应——听了那么多道理，还是过不好这一生。大道理是一个人在大脑层面获得的知识，它和内心的情绪情感是分裂的，所以很难真正地指导我们的行为。想要真正地学会爱与接纳，需要在关系中体验到被爱、被接纳的感觉，这些感觉经过内心内化后，大脑才能真正懂得，行为上也才能有所改变。毕竟，心理的问题归根结底都是人与人之间的关系问题，需要在关系中解决。一切在关系当中发生，也在关系当中疗愈。

于是，为了获得真正的成长，我决定开启我的精神分析之路。

我想在咨询中谈论和父亲的关系，因此觉得选择一位男性咨询师会更加合适。朋友推荐了一位咨询师给我，说他的风格会有一些冲突和有活力的部分。没有思考太多，我就预约了他，开始了每周一次的心理咨询。

　　精神分析主要是研究一个人早年和父母的关系如何形成其人格，并如何影响其成年生活。精神分析理论认为，人格的形成和小时候被养育及被对待的方式有关，父母和我们的关系会内化为我们和自己的关系，而我们和自己的关系会直接影响到我们和别人的关系，特别是亲密的关系，比如恋人、爱人。作为个体来说，我们所有的症状表现都是启用防御机制的结果，都是为了保护我们这个独一无二的个体能够保持其完整性，维持本来面目。

　　咨询初期，我发现我很难和咨询师谈论我遭遇的现实困境，反倒经常和他谈论我和爸爸之间的复杂情感。因为当时我孩子的状态很是困扰我，而我自以为是个好妈妈，对此有很强烈的自责、内疚以及挫败感，或者说有羞耻的一部分，这部分是我心里的痛，很难谈及，同时又感觉到无力与无助。相对来说，谈论过去的关系可能容易和轻松些。这个发现让我难免自我批评，因为本来我来到咨询室是为了解决缺乏安全感的问题，结果却是在体验过往的经历。但是慢慢地，我放下了这种理性的自我批评，全然接纳了自己情感上的体验，也更多地谈论与父母、朋友的关系。

　　这也让我反思，在亲密关系中我为什么总是害怕失去对方，同时害怕失去对方的爱。我的童年是和爷爷奶奶度过的，和父母不是很亲密，他们时常不在我身边，这让我觉得他们是不值得依赖和信任的。后来，在和爱人的关系当中，当我得不到及时回应，或者说得到的不是我想要的回应时，我就会暴怒，用指责、抱怨的方式去刺激对方，期待对方有所回应或者说用我所期待的方式回应。张牙舞爪的外表下，其实隐藏着一颗受伤的内心，一份不被重视、不被爱的伤痛。

印象最深的一次，是在心理咨询进行到近第50次的时候，我和咨询师之间发生的一个小插曲。

那是个雾霾天，不同寻常地，我发现咨询师戴着口罩。咨询开始时，他取下口罩，结果没有说几句话就咳嗽得很厉害，于是又戴上了。我很担心，忍不住问他："你有哮喘吗？雾霾天气是不是喘不上气？"他告诉我："不是的，我没有哮喘，以前也不过敏。只是今年对空气质量很敏感。"

这个意外的对话让我们谈到了我对他的担心，也让我发现我对待关系一直存在一个问题：当我想象对方是脆弱的时候，就不敢向对方提出需求、寻求帮助，害怕会因此摧毁对方。

我对待老师和朋友就是这样的。那天的咨询中，咨询师说我有了改变，因为我在确定关系当中一些让我困惑的东西，我不再一概而论，即像从前那样只是靠想象去判断这段关系。这就是一种进步。

我也同意咨询师说的，这是和原来完全不同的反应。我和老师、朋友的关系，都是因为我预先想象对方也许是脆弱的，因此不敢和对方有更深的交往，害怕摧毁她们。

咨询师告诉我，这可能是因为我的妈妈过早地生病了，在我没有"使用"①前就已经被摧毁了，所以我在关系中很害怕"使用"别人、麻烦别人，怕因此摧毁别人。

这种害怕，导致我无法在关系中展露真实的自己，也无法真正被关系滋养。而关系是在真实的需求和麻烦中变得亲密和可靠的，自我也是在与别人不断碰撞和互动中变得完整的。

就像日本设计大师山本耀司说的："自己"这个东西是看不见的，撞上一些别的什么，反弹回来，才会了解"自己"。所以，只有和很强的东西、可怕的东西、水准很高的东西碰撞，才能知道"自己"是什么，这才是自我。撞，就是与人真实地互动，真实地看见。它并不意味着摧毁，反而可能是创造和建设。

这次咨询后，我有了很大意义上的改变。当然，就像烧水，

---

① 这里的"使用"是一个临床术语。有两个婴儿正在乳房边被喂养着，一个正在靠他自己以投射的方式喂养着，而另一个正在靠（使用）来自母亲乳房的奶汁喂养着。母亲们或分析师们可能是足够好的或不是足够好的。其中一些母亲或分析师能够带领孩子从关联状态走向使用状态，而另一些不能够完成这个任务。病人只有在治疗中的人际层面使用分析师，与治疗师进行摧毁性的互动，而不是把他作为自体一部分的投射，仅仅在精神内在幻想层面自己"玩"，才能让自己的心智移出"客体—关联"的位置，向前发展。

这是一个持续加温的过程。我的自体更加地归于中心，心境相对平和宁静，更能够活在当下。同时，我的边界感也更强了。我更能够看到自己的需求，展现真实的自我。表现在生活中，最显著的就是我与爱人、孩子似乎保持了一段安全距离，我好像没那么在乎他们，他们说的话也不会再像以前那样伤到我了。

我也在之后的咨询中，和咨询师探讨过这个改变，才明白这种变化是因为我的自我更加完整和稳定，从原来相对融合的关系进入现在相对独立的阶段。这是必经的过程。但这种独立并没有消解关系里的亲密，反而让我在有需要的时候可以提出自己的需求，而不是担心不被关心重视，或者担心会麻烦到对方甚至摧毁对方。在和朋友的关系中，我也感觉更加自在了。我更心安理得地接受朋友的关心，也能坦然拒绝自己不需要的好意。

经历了这样的自我改变，我在后续自己担任心理咨询师的咨询过程中，更能够清晰地看见哪些是来访者的情感，哪些是来访者触动的我自己的情感。我能够更加稳定地存在，镜映来访者的情绪，确认他的情感，开启一段更深入的探索旅程。在了解和接纳了自我后，我自然而然地能够开放更大的空间，允许来访者按照自己的节奏和频率去表达，不过多地介入和打扰，让来访者潜意识的河流慢慢流淌，进入更深的无意识空间。

我也在咨询中遇到过与我底色相同的个案。咨询者和之前的我一样，极度缺乏安全感。底色相同，咨询师就会更加理解和共情来访者，让来访者体会到自己并不是孤军奋战。来访者慢慢发现，其他人也会经历同样的事情，也可能会有同样的感受，这种感受并不是他独有的，不是什么奇奇怪怪的事。这样，就可以缓解来访者因此而产生的羞耻感和希望被看到同时又想要躲起来的窘迫感。

在我的眼里，来访者没有问题，也不是问题本身。在咨询师营造的自由空间里，来访者也会慢慢发现：哦，我以为我是来解决问题的，原来我是在更好地探索自己。

当一个人能够无拘无束地思考、感受和存在时，正是在趋向接近我的真自体，这让一个人能够不带批判地体验当下的自我，体验自己的恐惧、愤怒、软弱，或者任何一种情感态度。当我越来越信任并喜爱存在于我身上的复杂性和丰富性的时候，也就更能对自己负责了。唯一的一个重要问题是：我的生活方式是否真的让我满意？这种生活能否表达真正的自我？

当我的自我愈加完整的时候，我和自己关系越来越好。我的情绪稳定下来了，心定了，智慧就产生了。神奇的是，当被发现、看见和觉察之后，生活中困扰人的问题也就迎刃而解了。

咨询后记

  我的改变也得益于咨询师愿意理解我内心感受世界的方式，接受我的真实存在。这使我能够朝着自己所向往的任何一个方向思考、感受和生存。咨询师放下了急于求成的目标，陪伴我在关系中自由地探索自我。站在咨询师和来访者的双重视角来看，如果咨询师也和来访者一样迫切，以结果为导向，那么咨询本身就变成了来访者惯有模式的一部分，失去了意义。在咨询过程中，咨询师需要做的是发现，而不是控制；要寻找的是顺应，而不是准确。这样，咨询师才有余力去观察周围发生了什么，更愿意了解别人的想法、感觉以及需要，同时也能够看清自己和他人的沟通模式。

  基于心理动力学，心理治疗是一个过程，用欧文·亚隆的话来说，就是"一个移除成长中障碍的过程"。在这个过程中，我们要更多地抛开大脑，因为它总是告诉我们应该做什么、必须做什么。来访者可能会重复讲述同一个故事,然而反复讲述自有它的意义。一次次的讲述当中,来访者体验到的是不同的情绪和情感,或者不同强度的情绪和情感。当来访者的感受被看到、被了解、被理解、被确认的时候,他的情绪也得到了拉伸,情绪的弹性和韧性增强,才不会做出自动化反应。来访者的自我内核也会越来越稳定,即使处于风暴的中心,也不容易被撼动。

所有在关系中产生的,都需要在关系中被疗愈。一段稳定、持续的咨询关系,在某种意义上具有疗愈的功能。如果你遇见的咨询师看到的是你,而不是问题本身,在你们的关系中你感觉到的是安全和踏实,不用担心被评判、被要求,你愿意慢慢地敞开自己,自由地探索真实的自我,那么,这可能是一段真正意义上的我和你的相遇。

平和或许是一种更高级的幸福

> 幻想出来的痛苦一样可以伤人。
>
> ——诗人　海涅

我始终坚信，来访者要在咨询师的帮助下发生改变，首先咨询师自身须拥有来访者所期望获得的特质，比如良好的心境、稳定的情绪与强大的内心。正如心理学家海灵格所说："一个人无法真正给予他不曾拥有的东西。"心理咨询师本身的特质，对心理干预的有效性起到至关重要的作用。

一个咨询师的成熟人格、对来访者无条件的接纳、共情与理解等，对来访者产生的帮助往往大于技术本身。然而，这样的成长也需要一个漫长的过程。

出于对自然科学的兴趣，我从2002年开始学习心理学。作为一名心理学专业的学生，我经常被身边的人问：心理问题与困惑该如何解决？当时由于我只是学了些基本的专业知识，并没有任何实践经验，这些问题可把我愁坏了。看到别人饱受心理问题的困扰，我非常希望能帮助他们解除痛苦。于是在本科阶段，我报读了心理治疗课程，并自修了许多心理治疗的知识，这算是我最初的心理咨询与治疗探索了。

本科毕业后，我又从新西兰辗转来到英国，立志以后从事心理治疗的工作，选择了后现代疗法——ACT（接受与承诺治疗）作为我的研究方向，将在人群中极为普遍的焦虑作为我的主攻领域。毕业后，我在一家心理专科医院从事临床心理咨询与治疗工作，一干就是十几年。这十几年的经历让我确信，心理咨询师最好的老师不是大学里的教授、书本，而是来访者。在医院工作积累的大量焦虑案例，对我的专业提升和自身改变都起到了巨大的作用。

在深究来访者问题的同时，我发现，我与来访者有一些近似的、引发焦虑的思维模式。比如：自我的消极暗示、无节制地穷思竭虑、对完美过度追求等。遇到一件悬而未决的事，我往往会想到负面结果，并有可能由此展开一系列负面联想，越想越害怕，最终被自己想象的结果吓倒。虽然是假想的情景，但它们却真实地影响了我的情绪，如果不断穷思竭虑地联想，很容易陷入"灾难"的深渊。比如，当时我对考试有些担心，想到会遇到不会做的题，又是用第二语言作答，要是考试不通过可怎么办？考试不过就毕不了业，花了很多钱和好几年时间，拿不到学位的我将以何面目面对家人，未来又将怎么办？想到这里，我便感到焦虑。但后来我意识到，这些不过是基于自己的假想罢了。

我想到，我曾经也深受焦虑和压力困扰，经常为不同的事担忧，感到紧张，左思右顾等。例如，上学时因考试感到紧张，担心考不好甚至不能毕业。想到如果留学不能毕业，一切努力将化为泡影，如何面对家人。毕业后，又对前途与发展感到一片迷茫，不知路在何方，因此忧虑不安。好不容易找到喜欢的工作，又常担忧自己做得还不够好，不能让客户和领导满意，经常处于紧张与忙乱中……

随着接触的病例增多，在不断实施心理干预的过程中，我有了更深刻的领悟——焦虑和压力可以不是生活的常态。如果能对自发的负面思维、消极的暗示进行节制，焦虑和压力就会越来越少，情绪也会越发平静，生活就会慢慢呈现它本真的样子。

我清晰地记得，有一天，我在诊室里突然感觉到内心无比安宁，仿佛对外界各种刺激的反应明显变弱，头脑空空。不工作时，什么念头也没有；工作需要时，思维会被快速调动。起初这种感觉甚至有些吓人，因为这是一种类似"麻木"的感觉，不同的是内心平和、精神安定，还不时地泛起淡淡的欣喜感。这种感觉很淡，但很舒服。

我后来总结，这种安宁、平静感的获得，有两个主要方面的原因：第一，我在长期的临床实践中已经发现并总结出许多规律性的内容，比如引起焦虑、抑郁的思维和行为模式等，从来访者身上切身感受到了这些偏差甚至扭曲的认知与行为如何形成，并且维持与发展了当事人的心理问题。在咨询中，我同来访者一点点地感受、分析并且引导他们逐步地走出心理的迷雾。在多年的从业工作中，这些干预的过程事实上重复了无数次，是千锤百炼的结果。这令我对引发心理问题的因素，例如问题化的思维模式等，变得十分敏感，自己一旦觉察到，就已经"自动"地进行了自我的调节与处理。因此，扰动心境的问题往往被扼杀在摇篮中。第二，平和的心境也同时要归功于我平常的打坐与冥想。在心理干预中，我时常需要带领来访者放松，进行冥想及正念等方面的训练。出于个人爱好，并且为了体会来访者在这个过程中可能会遇到的困难，更好地带领他们进行更有效的训练，我个人几乎每天都进行打坐、冥想方面的修习。久而久之，这些练习让我的心境变得更加平和。

后来，不断有来访者谈及，在看到我安宁和积极的心态后，他们也获得了希望。我也开始反思咨询师本身的特质对来访者的影响。我在长期实践中发现，来访者对咨询师本身的精神面貌、心理状态尤为关注。当咨询师的心境变得更加平和、安宁时，他与来访者的交流会变得更加有耐心、温和、仁爱、淡定从容，精神状态也更加饱满等等。我想，这并非职业化的要求与期待刻意营造出来的，而是已经成为真实自我的一部分，内外一致。一方面，这些引起了来访者很大的兴趣，比如有时来访者会问："老师，你是如何做到的？"我想，这也激发了他们改变自己的动力与意愿。另一方面，面对淡定从容的咨询师，来访者的信心会增加。

我相信，每个人都经历过压力、焦虑，因现实压力而导致的焦虑状态无处不在。但是很多人也许觉得这种状态普遍，并早已对此习惯了,谁不是这样疲惫地活着呢?上学时担心成绩,上班时担心 KPI,单身时担心找不到对象,结婚了担心婚姻出问题……不管处于什么状态,总是焦虑和充满压力。

但事物经常会呈螺旋状发展,当发展到高阶阶段时,似乎又会回到初始状态,但其本质却有着天壤之别。就拿情绪为例,正常人经历着生活百态,体验着七情六欲,这很正常。但情绪的反应应在一定的限度内,如果超过限度并且这种情况出现得较为频繁,就有可能发展成焦虑症、抑郁症等心理障碍。比这更糟糕的是麻木不仁的状态,比如当一个人遭受重大创伤或自然灾害时,又或者是精神分裂症的阴性症状[①]等。

在平常的生活中,你可能会因为别人一句无礼的话而愤怒不已,但可否尝试寻找对方行为的合理性?比如,当时环境使然;或者这是他的原生家庭、成长经历带给他的行为模式?我们可以试着放下自己的思维框架,从对方的视角和经历尝试感受他、理解他。这就是我们常说的共情。

当我们以善意、抱持来接受自己与他人时,我们的内心也会变得柔软,愤怒、敌意等负面的情绪消失,取而代之的是一

---

① 阴性症状是精神分裂症的一类临床症状表现,对应阳性症状。阴性症状指的是人们处于正常的精神活动时应具有但却不具有的缺损的表现,包括情感迟钝、情感退缩、交流障碍、被动或淡漠社会退缩、抽象思维障碍、交流缺乏自主性与流畅性、刻板思维。

种难以言喻的平和萦绕于心。而平和,就是美国心理学家霍金斯博士在他的"心理能量等级"①中指出的一种比开心、喜悦更高层次的心理状态!

---

① 心理能量等级是美国心理学家大卫·霍金斯提出的著名的能量层级理论,他把意识的能量层级分为正和负两个部分,以勇气为分割线(勇气有好有坏,为中性,所以为正负的分界点),给予它200分的值。勇气往上是淡定、主动、宽容、明智、爱、喜悦、平和及最高的开悟;勇气往下是骄傲、愤怒、欲望、恐惧、悲伤、冷淡、内疚及最低的羞愧。从勇气向上,每发展一个层级,都代表人生发生了一个质的进步,当然与之对应的是非一般的努力;而从勇气向下降级,却说不上是质的退步,因为每一个负能量等级都或多或少存在于人的日常生活中。成功的人与平凡的人之间最大的区别,就在于是否被负能量长期占领,能否快速地排遣,以及能否逃脱无意识的消极,主动地向上发展。

咨询后记

心理咨询并不像很多人想象的那样只是随意地聊聊天，做思想教育工作或者出主意想办法。它其实是一个专业化的过程，通过对相关心理咨询知识与技术的运用，帮助来访者解决他们的心理困惑与问题，甚至达到个人成长的目的。每一位来访者都是独特的，一套方法是无法适用于所有人的，因此心理咨询的干预过程也是量身打造、个人定制的。在这个过程中，咨询师与来访者是平等、协作的专业同盟关系，双方为达成一个共同的目标而努力。这里没有指责，没有评判，没有说教，只有尊重、理解、共情与接纳。咨询师将与来访者共同探讨，帮助来访者发现、领悟，最终发生改变。来访者甚至可以通过咨询，在未来形成一套可以进行自我心理调节的方法与策略。

如何才能正视自己的欲望

> 对欲望不理解，人就永远不能从桎梏和恐惧中解脱出来。如果你摧毁了你的欲望，可能你也摧毁了你的生活。如果你扭曲它，压制它，你摧毁的可能是非凡之美。
> ——印度哲学家 克里希那穆提

"穿过大半个中国去睡你"，是诗人对亲密与性的欲望。那提到"欲望"，你会想到什么？食欲、性欲、物欲？或者感觉到不自在、压抑甚至是羞耻？我想，能够面不改色、心平气和地正视自己欲望的人并不多。

"欲望"的确不是一个让人觉得风轻云淡的词，尤其是在中国文化的语境里，它甚至有禁忌意味。从小，我们被教育要做乖孩子，要规训和压抑自己的欲望。就像孔融，要让梨给兄弟。如果我们表达了欲望，不仅会被认为是贪心的，而且是自私的甚至是坏的。

曾经有很多年，我也不能正视我的欲望。

小时候爸妈带我去赶集，走到一个卖牛仔裤的地摊前，店主热情地兜揽生意。在那时候的农村，牛仔裤是个新鲜东西。可还没等我开口，我爸爸直接对店主说："我们家孩子不喜欢牛仔裤，嫌那个太瘦了。"于是，我也以为自己不喜欢牛仔裤，直到看到同学穿着牛仔裤非常时尚干练，我才知道自己是喜欢的。但我已经不敢把这个喜欢说出来了，这个愿望成了一件让人羞耻的事情。一个人的欲望如果不能被养育者看到，不能得到一个允许，或暂时不能被满足，那么在孩子的想象世界里，这个欲望就是可耻的，成了非分的、僭越的。比如，孩子会想象自己要求一件父母难以承担的事情，这样的要求会让父母为难。他们没有能力满足，这会让他们当众蒙羞。

这个感觉甚至会被泛化。出于体贴父母，孩子会压抑掉他们觉得父母无法承担的愿望，进而压抑掉一切愿望。拥有愿望本身变成了一件不被允许的事情，一件可能会让父母蒙羞的事情。在我的成长过程中，还有很多哪怕很小的欲望都必须压抑的时候。比如，我家是一个大家庭，在饭桌上，大家都习惯了互相照顾、谦让。我从来不会主动夹自己喜欢吃的菜，总是把好吃的菜留给家人。所以，我在家吃饭总是得不到满足感。大家都谦让的后果是，每次吃完都有食物剩下，但这些食物却只能像负担一样被清理掉。

就这样,我习惯了压抑自己的一个个欲望,后果是,在很长的一段时间里,我不知道自己要什么,只能随大流。大家要考一个好成绩,我就也争取一个好成绩;大家要考重点高中,我也考;大家要考大学,我也考。到了选专业的时候,我蒙了——我不知道自己喜欢什么。冥冥之中,我选了心理学。

毕业后,我进入了一个自己不喜欢的行业,干得很不开心。我问自己:既然我不喜欢这份工作,那我喜欢什么?这时候我才惊恐地发现,我的人生一片茫然,而我早已被磨得没了激情,对什么都感觉厌倦。我不能再这样下去了!为了自救,我走进了心理咨询室。

一开始,我会花许多时间和咨询师谈论我在现实中遇到的困难,大部分是人际困难。比如我在工作中遇到一个特别爱加班的领导,这个领导总是会因为一些不那么重要、不那么紧急甚至是无意义的事要求加班。他为了表现工作积极努力,自己会加班,也会以单位的名义、以奉献为借口,"绑架"部门下属加班。我对此深恶痛绝,和领导有很多对抗,因此产生了很多人际上的摩擦和不快,这让我很烦恼。

通过咨询,我发现我跟领导的矛盾实质上不是加班的问题,而是个体边界的问题。我抱怨总是被迫无序地加班、无意义地加班,这些加班让我睡眠不足,非常生气和恼火。我特别希望可以说脏话:"他妈的你要加班是你自己的事情,干吗一定要拉上我?"咨询中,我有了一个机会可以一吐为快。在这个过程中,咨询师并没有说太多,只是做一个倾听者,给予我一些非言语的回应,比如"嗯嗯"。有时候,她也会给一些简短的评价,主要是肯定我的感觉具有合理性,她是认同的。

慢慢地,我开始重新评估这样无谓的加班给我造成的影响。领导无限地将自己的欲望(加班取悦大领导)带到了工作关系中,尤其是带到部门中来,将部门等同于自己。因此,我的边界被突破了,利益被侵占了,欲望被覆盖了。当我意识到这一点时,我突然发现,我是知道自己想要什么的,于是我学着表达自己的欲求。慢慢地,我能够平静且有理有据地拒绝领导无谓的加班,甚至可以很好地划出边界:对无效的加班,我是拒绝的。

这样直接的表达反而让领导尊重我,我与同事的关系也变得融洽,彼此真诚地关心。当我们能够向内看,正视自己的欲望时,那些曾经压抑的、堵塞的地方便通畅了,有了灵活的空间。我也发现,我不只是不喜欢无谓的加班和被人侵占边界,还喜欢更多的东西,比如,我喜欢上了心理咨询,想要成为一名心理咨询师。于是我尊重这份欲望,辞掉了不喜欢的工作——人生充满可能性,而我找到了活着的激情。

后来,我成了一名心理咨询师,我没有中止我的个人体验,也一直陪伴来访者向内探索。

　　通过个人分析了解自己的欲望,对心理咨询有什么帮助呢?我更沉得住气了,因而也更能找到事情的关键。来访者来到咨询室,往往是因为现实中发生了一些让他感到痛苦的事件。以前,我总是试图帮助来访者分析事件,着眼于事物。例如,如果来访者因为同学都不喜欢他、孤立他而来到咨询室,我会对这件现实的事情很当真,引导和询问发生了什么,找到事情发生的根源,比如来访者做了什么、说了什么引发了对方的反感,等等。后来我意识到,实际上我可能只是"除境不除心",即只见到事,未见到人。现在在咨询中,我不会那么快地帮助对方看到自己做了什么导致被孤立,我会等待,让他有机会讲出自己的感受:被孤立是什么滋味。他可能难过,可能愤恨,可能对学校不能保护自己觉得失望。当一个人拥有自己的感觉时,就是在逐步探索自己的欲望了。他会开始讲述自己以前是如何被对待,以至于成为现在的样子,他也会自主地尝试一些新的互动方式——这一切都是他自己领悟并且主动去做的,我只是创造一个尽可能不带评判的话语的空间,让一个主体可以自由地讲述发生在自己身上的事情。至于他的欲望在哪,他想怎么办,他想成长成什么样子,那是他自己的事情。

　　接受心理咨询和开展心理咨询的过程,都在不断地叩问我的欲望——我究竟是一个什么样的人?我想成为一个什么样的人？说实话，直到现在我也没有完全搞清楚，但我一直在这条路上。这样的叩问会让我有时更喜欢自己，有时更讨厌自己——因为我没有看起来那么好。以前，我一直觉得自己是一个好人，慢慢地我发现我自己有很多恶意：我会幸灾乐祸，会希望身边的一些人不能梦想成真，也会嫉妒别人……但这不也正是真实的自己吗？我更加爱惜自己的身体，会做一些真正满足自己的事情，同时也会对很多诱惑说"不"，对自己真正向往的东西毫不犹豫地追求，不被无谓的束缚绑架。

孔子说"食色性也"，孟子曰："鱼，我所欲也，熊掌亦我所欲也。"欲望，是人的一部分，是生命的源泉。当我们学会了对欲望视而不见的时候，我们也许是社会规范下的好人，但我们还是一个真实的人吗？当我们压抑欲望足够久的时候，我们可能成为一个无私的人，但我们还是一个身心健康的人吗？不要再害怕你的欲望，去正视它、承认它，开启你的生机和非凡。

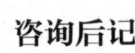
咨询后记

咨询师的主要工作是学会闭嘴,同时学会倾听。倾听什么呢?倾听来访者的内在欲望。咨询师会肯定你的感觉和愿望。比如一些你对父母的不满或者愤怒。咨询师不会站在传统卫道士的角度讲话,不会劝你孝顺,也不会苦口婆心地劝你理解父母的苦衷。他们不会被文化和习俗绑架,而是带着一颗真诚的心和不评判的眼光——有的时候,对我们伤害最大的恰恰是我们的父母。咨询师的期待就是你如实地看到自己,并真诚地面对自己的感受。

有人认为,咨询之所以有用,是因为来访者可以在咨询中随意言说、宣泄情绪。我认为这是对咨询的误解。的确,咨询师需要给来访者足够的话语空间,但咨询是自由的言说,而不是随意的言说。自由的言说意味着不会对来访者设限,不限制的是来访者的欲望,让来访者有权利对一些东西表达欲望。比如,当一个人表达对另一个人的憎恶,可能会说:我希望他不得好死。但咨询师不会一直让话语停留在宣泄的层面,而是会询问来访者的感觉:你很憎恨这个人?你憎恨他,是因为你觉得被伤害了?这样就可以展开故事——来访者跟这个人之间发生了什么,在这段关系中发生了什么,带给了来访者什么感受。在诉说的过程中,来访者就能清晰自己的欲望。

那么,来访者是怎么通过在咨询室中的言说,越来越清楚自己的欲望的?或者说,在咨询室中说话和在生活中说话有什么不一样?最大的不一样是,咨询室中有一双时刻准备倾听的耳朵。这双耳朵只倾听来自生命最深处的呐喊,只倾听来自生命的言说。比如,有一位来访者讲到疫情期间他总是会听到救护车的声音,讲到一些小孩被隔离的画面让他很感动,而对其他事,他讲得不多,似乎不担心疫情进展如何。他说他自己和家人没事,就是在家隔离。但是你会发现,他的言说变得贫乏了——除了上面两件事,他没什么可说的,在生活中也没什么可做的。救护车让他晚上没有睡好,但是他说今天不困,不想睡。慢慢地,咨询师通过言说就能了解到,来访者似乎处在一种不舒服的状态,"昨晚没睡好,可以睡的时候又不想睡"。其实,他有一些睡眠方面的困难,但是似乎他自己意识不到,这种睡眠障碍可能跟担心有关（救护车的声音）。由此可见,他对疫情的担心其实是超过意识层面的,潜意识层面,他感到很恐惧,不敢睡觉。那个很小的孩子被送去隔离的画面,其实投射了他自己在疫情期间的无助感。对来访者这些深层的倾听,都来自我们对对方的体会,源于我们知道他的言说全部出自欲望——他其实是在言说他的恐惧与无助。而要做到倾听,需要咨询师先了解自己的欲望。只有这样,咨询师才能更好地辨别来访者的欲望。

拒绝成熟，其实是在逃避问题

> 人可以拒绝任何东西，但绝对不可以拒绝成熟。拒绝成熟，就是在回避问题，逃避痛苦。
> ——斯科特·派克《少有人走的路：心智成熟的历程》

不成熟的成年人，内心往往藏着受伤的内在小孩，即使年龄不断增长，他们也会成为生活中的"巨婴"，无法和他人建立情感联结，也无法体验幸福。而要成熟，最重要的就是疗愈受伤的内在小孩。葛罗夫（David Grove）把内在小孩作为成年人内心伤痛的隐喻，视内在小孩为自我的一部分（不同于我的部分），是儿童人格的一个片段（子人格），创伤经验存于其中，并冻着于那一时刻，内在小孩以防卫（解离）的姿态面对创伤，以确保心灵短期的生存，但也导致了长期的身体与情绪的症状。其实，这些症状是内在小孩在不停地提示我们，要看到并帮助他们。

我的内心也曾有不少受伤的内在小孩。记得最初对心理学感兴趣,是因为我总会重复做几种类型的梦:一种是梦到母亲把好吃的东西分给其他姐姐吃,无视我的存在。梦中的我孤立无助,觉得自己不是亲生的;另一种是找不到家的梦:不管我怎么努力,总是走不回自己的家,我感到很害怕,每次惊醒时都泪流满面。这些梦让我很痛苦,梦中的恐惧、伤心等情绪总是会延伸到生活中,久久不散。我隐约觉得,这些反复的噩梦背后必有深意。

我开始研究解梦,直到看了弗洛伊德的《梦的解析》,我才慢慢开始理解这些梦。奇妙的是,在我理解它们之后,就很少做这些梦了。于是我迷上了心理学,一面学习,一面尝试自我分析,大概了解了这些梦背后隐藏着自己从小形成的几种核心情结:被抛弃感、被忽视感、不配感等。

我以为这些隐藏在潜意识层面的情结被觉知时,我就能对它们进行规避。但事实证明,这几乎很难做到。在与人交往时,尤其是亲密关系里,这些情结很容易被启动。一旦启动,我就会秒变"巨婴"——无理由地觉得自己被忽视、不被爱,一面受伤,一面用攻击或者冷漠的方式去破坏关系。虽然我能较快反思,告诫自己下次不能再这样,但"下次"总是会发生,似乎不受我控制。

心理学研究生毕业后，我还没有决定要成为一名心理咨询师，也没有过任何心理咨询的体验。当时，我与丈夫的感情发生危机，我们总是争执、冷战、关系濒临分裂，这让我疲惫和痛苦。我急需一条出路，于是决定去找咨询师。

考虑到我自己通过几年的专业学习和自我分析，意识层面对自己的分析和了解已经头头是道，但在"关键"时刻仍无法控制自己的情绪和行为，所以我想，应该是潜意识中某些我不知道的部分在影响我。我了解到，我国著名的心理学家朱建军教授创立的意象对话疗法就是运用意象的象征意义，通过引导想象来看见潜意识，并最终化解消极情绪、消除情结、深入探索自我、整合人格、促进自我成长的，于是我找到了一个擅长意象对话心理疗法的咨询师。

第一次进行意象对话，我的咨询师先是对我进行了躯体放松引导——人在放松的状态下，更容易进入潜意识，然后用"起始意象"引导我进入想象（意象对话）的过程。[①] 最初，我总是什么画面（意象）都想象不到，很着急，几次咨询过去也没什么进展，但咨询师对我很有耐心，让我的心变得平静，慢慢地能够想象出一些意象，并能用心体验当下的情绪和感受了。

在咨询师的指导下，我开始与我的某些内在小孩对话，这

---

① 对意象对话疗法感兴趣、想了解更多，可参考：朱建军等著，《意象对话临床技术汇总》，北京：北京师范大学出版社，2018年出版。

真是一个不小的进步。我记得，在第25次咨询中，咨询师给出的起始意象主题是：鸡妈妈与小鸡突遇风险。①

我当时想象的画面是：鸡妈妈带领一些小鸡在草地觅食，小鸡们紧随鸡妈妈，唯有一只小鸡落单了，待在较远的地方，偶尔会抬头看看鸡妈妈。咨询师让我体验落单小鸡的感受。首先，我感受到小鸡并不想加入鸡群，它好像习惯自己待着。再深一点，我感受到小鸡内心藏着极大的哀伤："妈妈不爱我！"这种痛苦使小鸡无力承受，只能以"我不需要你们"的假想来保护自己。我体验着小鸡的痛苦和绝望，感受到她受伤的心和对爱的渴望，发现这才是小鸡真实的那一面。

咨询师问我："现在突然来了很大的危险，会是什么呢？鸡妈妈和小鸡们会有什么样的反应？"我看到一场沙尘暴来袭，鸡妈妈很快张开翅膀保护身旁的小鸡，当她发现落单的小鸡还站在原地的时候，鸡妈妈焦急跑过去，把她揽在怀里，推着她和那群小鸡聚拢，并唠叨着："你这孩子，急死我了，怎么不赶快到妈妈这边来呢？"

此时此刻，小鸡感受到妈妈的爱，眼睛一酸，泪水涌出："妈妈原来是爱自己的！"她与兄弟姐妹簇拥在一起，第一次有了

---

① 引导来访者进入意象对话的想象过程，可以是起始意象，也可以是其他方法。比如，从来访者的梦境引入，或从身体感觉、语言、感受、身体姿势、绘画等各种方法引入。

巨大的安全感："原来兄弟姐妹和妈妈一样也爱自己。"我体验着小鸡的情绪，发现内心深处的空洞似乎一下子被填满了，内心变得充盈，不再需要外界给我填补什么。那只落单的小鸡，就是我的内在小孩。这么多年来，它躲在我的心里自怨自艾，无声地求助。我以前不知道它的存在，更不知道它真实的伤痛。在咨询师的陪伴下，我终于看见它，也终于有机会疗愈它了。

这之后，我的内心变得平和，那些被忽视感、被抛弃感、不被爱和不被尊重的感觉，几乎完全消失了。我以前对待生活总是不安地索取，比如总觉得老公不够爱自己，总是不自觉地要求他做很多。他很多时候也配合我。但我的空虚像是一个黑洞，无法填满，最终让他疲惫不堪。此时我才明白，别人无法填补自己内心的空虚，唯有看见受伤的自己，与之进行情感联结，对情绪能量进行转化，创伤才能得到疗愈。

经过成长，疗愈内在小孩，我的姿态变得丰盈与感恩。我能感受到丈夫和家人对我的爱意，我对此充满感激。我以前对他们好，更多是理智上认为应该这样做，但现在是发自内心地愿意。这种状态也影响着我与其他人的关系，我更乐意认真倾听，不再急于给建议，以博取他人所谓的"认可"。

后来，我成为一名心理咨询师，内在小孩的体验使我更能理解来访者不同部分的内在冲突，更能深入洞察来访者内心深处那些压抑的或隔离的自我部分的感受和需求，从而更好地共情并理解来访者。最主要的是，我自身受伤的内在小孩的疗愈，不会轻易地被来访者所投射的情绪攻击所影响，这使我可以成为来访者成长道路上"温和而坚定"的陪伴者，为来访者创伤的疗愈和自我的成长提供抱持而安全的空间。

如果你的心里也藏着受伤的内在小孩，如果你也总是在同一个地方跌倒，那也许说明，是时候面对它、看见它、疗愈它了。要知道，我们都会不自觉地远离痛苦，这是本性；但更要知道，回避该承受的痛苦，只会带来更大的痛苦，拒绝必经的成熟，只会离幸福更远。

自我成长中一定会有阵痛，我用自己的故事就是想让你相信，阵痛之后，是柳暗花明，是豁然开朗，是一种你也许还没有体验过的心灵自由。

咨询后记

　　这次奇妙变化让我真正体会到:"知道"并不代表成长,更不能与"心智成熟"画等号。没有情感体验参与的"知道",是我们加诸自身的又一道枷锁,让我们离真实、柔软的自己更远。

　　我们受伤的内在小孩,往往是小时候在与重要他人(父母或其他抚养人)的互动中形成的:感受到不被关爱、不被理解、受忽视或被虐待。由于本能地回避痛苦的趋向,我们会不自觉地把受伤的内在小孩"驱逐"到意识之外,所以很难看见它们。即使偶尔看到,也会因为自身局限,很难理解和涵容它们。

　　疗愈创伤或受伤的内在小孩,需要另外一个心智更成熟的人为我们提供"抱持的""安全的"空间,在这个空间内,受伤的心灵才能有力量涵容自己的痛苦,整合破碎的内在感受,并赋予其新的意义,促使心智真正成熟,达成心灵自由。能够提供这个安全空间的,往往

第3章
咨询师的自我探索之路

只有经过自我成长和专业训练的咨询师。联想到我从事心理咨询服务多年来，咨询中经常遇到不少来访者急迫地想要从咨询师那里讨得"方法"，认为有了咨询师的方法，情绪痛苦和心理问题就会神奇地消失；也有些人想让咨询师推荐些心理学书籍，通过学习心理学知识，独自进行疗愈，最后却发现自己做的很多努力能起到些作用，但每每牵涉核心情结部分，却无法突破。这是因为，心理咨询可以帮助我们成长、起效用的最关键的部分，并不是咨询师的方法，而是咨询关系中人格更健全、心智更成熟的心理咨询师为来访者提供的那个"抱持的""安全的"空间。

成为一个"完整"的人

> 与其做好人,我宁愿做一个完整的人。
>
> ——心理学大师 荣格

第一次读到这句话时,我就被深深地触动了。我开始思考:怎样才算是一个完整的人?

我对自我的探索,始于选择心理学专业的那一刻,从最初的哲学之问"我是谁"开始,到寻找"真实的我",再到"成为我自己"……

记忆中,从小到大我都是名副其实的"好孩子"——在家里乖巧听话、从不乱要东西;在学校成绩优异,从不惹事,没有挨过老师批评。

"乖孩子""好学生"的标签牢牢地贴在我身上。我曾为此沾沾自喜,觉得自己是多么完美的一个人。我一边享受着夸奖和认可，一边小心翼翼地维护着这个形象，尽力让家长、老师满意，但代价是牺牲自己的需求。内向敏感的特质让我善于察言观色和隐藏自己的真实想法。比如和妈妈购物时，我察觉到了我说什么都不想买时妈妈的喜悦。虽然她嘴上说着"傻孩子"，但是我知道，那是对我的认可，以至于后来我明明很想要一台电子琴，也不敢说出口。

随着身边的关系和环境越来越复杂，我渐渐感到，要做一个好人太累了，我需要付出的代价太大了。我总是优先考虑他人的感受，经常违背自己的意愿，委曲求全，配合别人的选择；我从不拒绝他人的求助，哪怕这会给自己带来很多麻烦；我也不敢轻易表露自己的想法和观点，怕别人不认同。

工作时，我连"我想请个假"这样简单的需求，都要在脑海中演练无数次，还要拖到最后一刻才能说出口。我感到，自己被太多的"应该"和"不应该"限制着。长期以来，我心里积满了疲乏、委屈、不愉快，而我能做的只有尽量远离关系。我深陷于外在的有求必应和内在的容忍委屈形成的巨大冲突中，不想再委屈自己，不想再被"好"的标签绑架，但却又总是下意识地做出恨不得掐死自己的选择和决定。

这使我越来越讨厌自己，觉得自己虚假。我越来越切实地感到，"这不是真的我"。我的脸上似乎生长出了一副面具，拿不下来。

这些无法摆脱的内心冲突和虚假感，驱使我找到了心理咨询师。我精挑细选了一位咨询师——那时还没有心理咨询师的网络平台，于是我搜集了很多机构网站，先从网上了解机构和入驻咨询师的信息，然后参加线下沙龙感受机构的氛围和理念，最后很偶然地在和一个朋友聊天时，听到她提起自己参加过的一个活动，活动中咨询师讲了一些关于个人成长的看法，具体的内容我已经不记得，但当时就感觉"这就是我要找的人"，因为从朋友的描述中，我感到这位咨询师的理念是我非常认同的。于是，我找到了这位咨询师，一次交谈下来感觉非常好，就选择了继续。我多么希望通过咨询找到真实的自己，摆脱"好"的枷锁，然而咨询的进展并未如我期待的那样顺利。

起初，咨询师很耐心地共情我，像镜子一般给我反馈，让我感到自己被看到、被理解，心里充满感动。但随着时间推移，我心里变得复杂起来。我注意到，有时咨询师的某个表情、某个动作或者某句话会让我有些不舒服，他对我的理解好像也不是那么准确。可是我却不能说出来，总感觉说出来会很尴尬。渐渐地，不满的情绪在我心中堆积，我开始怀疑和抱怨，想要中断咨询。可是他会怎么想？我要找一个什么理由让他可以接受？我感觉自己骑虎难下，最终在某个合适的时刻选择了礼貌地中断。咨询中断了，可我心中耿耿于怀。接着，我又找了新的咨询师，期待有所不同。我在新咨询师那里抱怨前任咨询师，希望可以释怀，可惜事与愿违，很快我便在她身上发现了令我不满的地方。

我开始反思自己："难道是我的问题？是我对别人太挑剔了吗？为什么每个人都令我不满？"我的不满和自我反问，每天都在心中萦绕，我心里憋了一股力量："我想要说出来！"在我的经验中，这是一个从未有过的选项。这个想法在心中酝酿了许久，终于，我重新找到第一任咨询师，一股脑儿地把我对他的不满都倒了出来。

说完后，我不敢看他，紧张地等待，咨询师却稳稳地坐在那里，还是和以前一样回应我："哦，当我那样笑的时候你有一些生气……""哦，那个时候你感到自己被评价了……""这些话好像已经在你心里很久了，把这些话说出来，对你来说似乎很难……"这个回应完全打破了我糟糕的预设，那一刻我觉得好轻松，终于把憋闷许久的不满释放出来并且得到了接纳。

那是生命中第一次，我感到自己可以自由地说话，我也有权利表达自己。当天晚上，我做了一个奇怪的梦：我的大半边脸的脸皮开始裂开、脱落，那个样子很丑，我一片一片地把脸皮往下撕，这让我有些害怕。醒来后，我却有一种莫名的轻松感和真实感，并且觉得那个好像长在脸上的、厚厚的面具，开始松动了。

在后来的咨询中，我和咨询师继续探讨我的真实感。咨询师问我:"你是怎么感觉到不真实的呢?"听到他这样问,我的内在出现了一个声音:"真实的我一直在这里藏着呀!"咨询师又问:"真实的你,那是什么样子的?"我回想起自己还是小孩子时,内心就一直有的一个声音:"我不是什么乖孩子,我也不想当乖孩子,这些都是我骗大人的伎俩,我其实是个野孩子!我不想懂事,我想大吵大闹,我想离家出走!"我边说着边摆动起我的四肢,像是要挣脱捆绑我的绳索一般。咨询师在一边鼓励我继续挣脱,直到我筋疲力尽。慢慢静下来后,我意识到,原来自己内心有着压抑许久的愤怒和委屈;我才发现,自己不但在生活中做着好孩子,在咨询中也是如此。

回顾自己的咨询历程,在开始相当长的一段时间里,我都在谈一些表面的事情和感受。随着自我探索和关系的深入,我内在真实的部分开始显现,我对别人的不满和挑剔其实是愤怒和委屈的外显,但那是我自己也无法面对和接受的一面,无论从行为上还是情绪上,谁会喜欢一个大吵大闹、充满愤怒的野孩子?这是作为一个"好的"我绝不可以有的一面,所以我必须把它们藏起来。我怕它们暴露出来,于是我小心翼翼观察咨询师的反应,一旦感觉到要触及这些部分,我心中的防线就本能地拉起来:"不能让他看到我的不好!"

就这样,随着一次次倾听内在的声音,我对自己有了更多理解,也对自己"不好"的一面有了更多的允许和接纳,现实的变化也近乎奇迹般地发生了。

在关系上,我内心生出一种从未有过的渴望:我想念许久未见的朋友,并主动联系他们表达我的想念。我感到自己不再需要躲避什么了。在团体中,我开始尝试第一时间把自己想到、感受到的东西说出来,虽然事后心有余悸,但不再因为说不出来而感到憋闷。

在生活中,我可以更直接地说出自己的需要了。记得有次和朋友去吃烤鸭,打包鸭架的时候却发现里面没有鸭头,我几乎没有犹豫便对服务员脱口而出:"请给我补一个鸭头。"那一瞬间,我感到自己心里有底气了。在以前,我多半会让朋友来要,或者就不要了。

在咨询中,我也感觉自己更加包容和自由。当我更能够接受自己的另一面,我的来访者们似乎也更能够说出他们全部的想法和感受,包括好的和不好的。有时,我会碰到和自己经历相似的来访者,每当我听到他们讲述我也曾有过的困惑,看到他们在自己的真实与虚假感中挣扎,我都告诉自己"要有耐心",因为我知道这个过程不容易,必然会经历挣扎。我自身的经验告诉我,挣扎的积极意义便在于它能带来更多的反思,并促进人们做出新的选择。

有时，我也会遇到来访者向我抱怨之前的咨询师，或在咨询中表达对我的不满和失望，这在之前是我很害怕的部分，因为我想要做一个"好"的咨询师。而现在，我可以将更多的关注点放在来访者身上，探索表达背后的真相。我相信，来访者任何的表达都是关于自己的，我需要陪伴他见证这个重要的体验和过程，而不是责备自己。每每看到来访者一边表达不满一边担心我生气的样子，我都会想起当初的自己，我能深刻地体验到他此刻内心的忐忑和不安，知道这一刻对他来说是不容易的，这是在信任和勇气的基础上做出的尝试。在合适的时候，我也会和来访者分享我自己的不堪，借此告诉他："你看，其实我和你一样，不好也没关系。"

看着来访者在我面前自如、坦然地谈论着他们各种满意、不满意的体验，我感受到了真实，体验到了咨询就是两个人在一起的感觉。

其实在没有外境干扰的时候，我很少感受到不真实，只有在与外在的接触中无法自由做自己时，我才会体验到虚假和不真实感。这让我意识到，我所执着的真实源于我想成为别人眼中的好人，源于我对自己的评判。真实或虚假、好或坏，本质上都是评判。我们很多的痛苦都来源于这种二元对立的评判，当我们认定一个东西有好坏，就会自然地关注一点，执着于追求好的或者摆脱坏的，痛苦也就由此产生了。

如今的我，也许还不是一个"完整"的人，还在继续成长的路上。但我逐渐清楚："完整"不是无可挑剔的完美，而是撕下标签，允许和接纳自己的不完美。允许和接纳我就是我，无论好坏、对错，无论是否被人喜欢或是否符合标准……

追求"完整"其实是一个整合的过程，是对自己的各方面了然如是的过程，是从"好坏对立"的二元向"我只是我"的一元转化的过程。事实上，所有的事物都有两面性，这是不争的事实。但正是因为两面都有，才是完整的。我们要能够超越对立，非评判地对待自己。

而你，也值得遇见一个"完整"的自己。

这是一个关于认识、整合自我的小练习：我是谁？

找一个不受打扰的空间坐下来，在面前放一张白纸、一支笔，静静地坐一会儿，让自己安静下来回到自己。当你准备好了，以"我是……"为开头，在纸上书写，尽量不间断。练习的重点是这个过程中的感受以及对自己认识的变化。

这是一个需要多次进行才会有发现的练习，毕竟，任何的改变都需要时间的沉淀。

咨询后记

心理咨询是一个帮助来访者找回"完整"自己的历程。

人们带着各种各样的需求来到咨询室:"我不想痛苦,我要快乐""我太自卑,我想要变得自信""我不喜欢自己的悲观,我要乐观"。这看起来没什么问题,但背后的真相是,我们之所以不想要、不喜欢,是因为我们无法体验和接受这些生命中本就存在的部分。

温尼科特说过一句话:"人只有能感受恨时,才是完整的,才能真正成为人。"完形心理学中有一个"未竟事务"的概念,指的是那些埋藏在我们过去经历中未被充分表达的强烈情感,尤其是愤怒、遗憾、愧疚、焦虑、悲伤、羞耻等负面情感。这些情感虽然未被表达出来,却与鲜明的记忆联系在一起,在我们的潜意识中纠结缠绕,并随时可能在不知不觉中进入我们的意识活动,妨碍我们与自己或他人的有效联结。未竟事务会让我们对某些事物或情感耿耿于怀,只有完成这些未竟之事,人们似乎才能感受到自己是一个完整的人。

整合是我们每个人内在最深的渴望，心理咨询师的任务就是帮助来访者不断发现和体验完整的自己。来访者来到咨询室，带来的是自己几十年生命经历的片段，这些片段是不连续的，甚至是扭曲或破碎不堪的。咨询师会陪着来访者抽丝剥茧，一点一滴地找回那些被遗忘的记忆和没有被意识到的情绪感受。

随着对自己内在世界越来越多地看见和体验，来访者会了解到自己在成长过程中是如何因为各种不得已而变得支离破碎，进而深刻理解自己是如何成长为今天的样子。正是对自己这份全然的理解和体验，让我们知道痛苦、自卑、悲观不是我们要消灭的敌人，而是需要接纳的自己的一部分。我们因此获得了面对痛苦的力量，得以抛开限制，看到自己原本的样子——他不完美，却是完整的。

"顺从"比"鞭策"更有用

> 人的一生有两个生日,一个是诞生日,另一个是真正理解自己的日子。
>
> ——日本作家 松浦弥太郎

按照这个说法,我也有两个年龄:一个是生理年龄,41岁;另一个是理解自己的年龄,算来仅10岁,却也10岁了。这10年里,我就像坐上一趟高速列车,结婚生子,放弃传媒行业,开始学习心理学,从一名来访者变成一名咨询师。

10年前,我的女儿出生了,我有了强大的责任感,想把最美、最好的东西给她。但我没想到,这竟然是我备感挫败的开端。接踵而至的养育问题把我困住了,最大的问题是——我没有奶水!

所有育儿书都说,母乳是对孩子最好的养育,能提供孩子需要的所有营养,提高孩子的免疫力。我要给孩子最好的,自然一定要母乳喂养,可是我竟然没有奶水!我的爸爸天天给我熬鸡汤、骨汤、猪蹄汤;妈妈给我煎中药,喂西药,找来一堆保健品;我还让老公买了好几个催奶、吸奶的小"神器"。所有能查到的、问到的、想到的办法,我都试了个遍,奶水是有了一点,但少得可怜,根本不够孩子吃。

紧接着,我的身体就不太对劲了,乳腺管隔三差五就堵塞、肿胀。那些日子里,我基本上没有办法睡觉,疼得龇牙咧嘴。我感觉非常受挫,每次看着女儿,都有一种深深的自责感。我想给孩子最好的,但是却连最起码的奶水都给不了。碰到相熟的女性,我就会忍不住问她们:"你的孩子吃的是母乳吗?你的奶水够吗?"

有一次,我这么问楼下大姐。

她哈哈一笑:"生孩子的时候正好夏天,太热了,我才不喂呢,多难受啊。在医院里我就打了回奶针,孩子一口也没有吃过我的奶。"

天啊,还有人有这样的想法!我愣住了。我千方百计要催奶,别人却打了回奶针,有奶也不喂。回到家,这位大姐的话还在我脑子里盘旋——为什么她和我的想法这么不一样?为什么她什么也不干,却能哈哈一笑,我做了这么多却无比自责?为什么我非要母乳?为什么我不能放过自己?

因为乳腺堵塞，我三天两头就得去找催奶师。有一回，催奶师建议我去做心理咨询。我很疑惑，我需要的是奶水，心理咨询能给我吗？虽然不是很情愿，我还是抱着试试的想法约了心理咨询。我的咨询师是一位女性，四十多岁，有两个孩子。

当我把困扰说完，她问："初为人母，你感觉怎么样？和你想象的一样吗？"

我回答："不一样，太不一样了，我以为所有妈妈都是开心、幸福、无比满足的。可是我真的快要疯了。"

她又问："你心里是什么感觉呢？"

"感觉？事情太多了，我来不及感觉。"说完这句话，我忽然很想哭。所有人都在关注孩子，没有人在意我，甚至连我自己都不在意自己。

我把眼泪忍回去："有什么感觉不重要，我需要先把孩子养好。"

她点头："你觉得现在感受不重要，达到目标才重要？"

我看着她："是的。"

她的眼神温暖："你觉得——'我'不重要，事情很重要。换句话说，事情比'我'重要，是吗？"

我像被电击一样，一下子愣住了。对，我不重要，目标很重要，事情很重要——似乎一直以来，我都是这样的认知，只是自己从来没有这么清晰地看到过。咨询师没有评价我的认知，也没有教育我。

回家的路上,我不停地问自己:"你现在感觉怎么样?"说实话,我感觉糟糕透了,所有的文学作品都把我骗了。从来没人告诉我,剖宫产原来这么疼,也没有人说过喂奶不是天经地义的。我感觉身心疲惫,眼泪快憋不住了。

回到家后,我睡了整整一下午——自从生了孩子以后,不管白天还是晚上,我的睡眠从没有超过三小时。睡醒以后,我感觉神清气爽。忽然,我明白乳腺管为什么总是堵塞了。我从小就不吃肉,但现在为了催奶,我一天三顿地喝肉汤,每次两大碗。虽然我咬咬牙能够不吐出来,但是习惯素食的身体根本吸收不了这么多脂肪。乳腺管里的那些白色颗粒,不是别的,就是脂肪粒,堵塞就是身体的抗议。那天开始,我不再喝肉汤了,乳腺管也不再堵塞。

当我什么也不干——不喝肉汤,不强制催奶,也不再熬中药,只是让自己放松下来,多休息、多睡眠,我的奶水反而多了。虽然还是不够孩子吃,但这种感觉太好了。我第一次发现,原来尊重和顺从自己,让自己的身体放松、心情舒展,是多么重要。

以前我一直认为事情最重要。只要目标是对的,自己真心想要,就不能找任何理由,必须百分百投入,不留任何退路。现在我发现这个道理没错,但是所有真理都是有条件的——在你的身体和心理能够承受的范围之内。在这个范围之内,认真努力、吃苦受罪都是有意义的，可一旦超出这个范围，身体不健康了，心理出问题了，认真就成了较劲，坚持就成了拧巴。越用力就越"套牢"，越挣扎就越束缚。

通过继续做心理咨询，我把自己看得更清晰了。

此后的一段时间，我每周都会去做心理咨询。有时候会带着问题去——这些问题通常是咨询后的反省和思索；有时候暂时没有困惑，更希望咨询师能够帮我开拓未知的自己。咨询师像一位大姐，温暖包容，对我伸出手，把我从一个个或难过、或焦虑、或恐惧的情感卡顿里拉出来。

每次咨询都是一期一会的心灵盛宴，把一段段不堪的过往温柔地摩挲成一粒粒珍珠。随着时间推移，我渐渐能够把这些珍珠连成一串。对自己，我似乎有了更清晰的认知。

我出生在小山村，后来跟随父母到小城镇上生活。穷人的孩子早当家，很小的时候，我就知道一切都得靠自己。我自认智商一般，也没有才华，靠自己就得比别人更努力、更坚持，花更多的时间和精力。这种认知帮我考上知名传媒大学，帮我把电台节目做成名牌节目，也帮我过上体面的生活。这种认知就像信仰一样，我从来没有怀疑过。可是我忘了，事情都有两面，它在帮助我的同时也把我困住了。如果努力后结果仍然不好，我就会焦虑和自责：一定是我不够努力，一定是我做得不好……

这些年来，亲戚朋友都夸我好，可我一点也不觉得好——

焦虑、害怕、担忧、自责隔三差五就来找我，我把生活过得一团糟。我从来没有真正放松过，也没有真正满意过。

所幸在这样生活了30年之后，我遇到了心理学。我渐渐明白，人生那些不如意的时刻，不光是老天的考验，更是天赐的成长良机。我永远都记得，当我学会向内看，把自己看得更清楚一点的时候，我是多么兴奋。我发现，不顾一切地鞭策自己，也许对外能把人推到一定高度，但一定会让人在内心越走越窄。

"内在和谐，人际和睦，世界和平"是心理学家萨提亚列出的一个人的三重关系。其中，"内在和谐"是人际和睦和世界和平的基础。而看清和接纳自己，会让你在内心创造自在与丰盈，外在的路自然也会无限延展开来。

我也觉得很惋惜，这么重要的知识，我竟然30岁才接触。我生活在北京，研究生学历，记者出身，之前竟然从来没有接触过心理学。那些生活在中小城市的人呢？那些读书不多、收入不高、人生舞台很有限的人呢？他们有机会接触到心理学吗，能够享受专业的心理咨询服务吗？

于是我有了一种强烈的冲动——我想去传播心理学知识，帮助更多的人改变生活境遇，甚至改变命运。我开始如饥似渴地学习心理学，先是在中科院心理研究所选修了基础心理学的研究生课程，后又参加了几个心理咨询流派的长程培训，比如认知行为疗法、家庭治疗、游戏治疗、短程焦点治疗、接纳承诺疗法等。那些年里，我的包里总是有书，除了上班和带娃，所有的时间都用在了学习上。我像着魔一样疯狂学习，参加几乎所有听说的讲座，每年阅读100本以上的心理学专业书籍。一贯的认真、努力和自律，这时候成了我最大的资源。对自己的高标准、对专业的严要求，不再像催奶一样束缚我，而是成为自我成就路上的最大助力。输入的同时，我也在不断输出，从咨询助理开始，我慢慢涉足心理咨询。经过几年的锤炼，我这个心理咨询"小白"终于成长为一个略有经验的心理咨询师。

人生听着漫长，回看的时候，不过就是由几个屈指可数的神奇相遇组成的。正如心理学大师阿德勒所说："人生不是一条线，人生是一连串的刹那。"

从来没有哪个行业带给我如此大的转变。我热爱心理咨询行业，喜欢做心理咨询，热衷写心理科普文章，我从工作中得到了深厚的价值感。我由衷地热爱现在所做的一切，并希望自己的下半生为此奋斗不止。

咨询后记

很多人认为,心理咨询是跟麻烦打交道,处理"心理垃圾"。我觉得并非如此。在我眼里,心理咨询是帮助人活得更加幸福的行业。解开困扰只是一个开始,帮助来访者找到自己、发展自己、壮大自己更加重要。

每个人都会遇到困境,这种时候,常常是我们的"心理盲区"。就像当年的我,焦虑和努力曾经在过往帮助我,所以我习惯了如此,看不到催奶事件的背后是什么在牵绊我。而心理咨询师点醒了我,帮我看清楚了自己的盲区。在过程中,咨询师的每一句话、每一个反应都不是随机的,而是有专业理论支撑的。为什么问这个,为什么这么问,为什么在这个时候问——看似漫不经心,其实每一句简单问话的背后都有心理学理论的专业支撑。

心理学值得我们去学习,这并不是什么神秘的东西,而是每个人都可以掌握的应用科学。我甚至觉得,搞清楚自己的情绪、感受和所思所想,比搞清楚自己从哪里来、到哪里去还重要。毕竟,我们生活在当下的感受中。